手把手教你
玩转电力领域
专利申请

主　编　刘前卫　杨　芳
副主编　张　艳　盛　兴

中国电力出版社
CHINA ELECTRIC POWER PRESS

图书在版编目（CIP）数据

手把手教你玩转电力领域专利申请 / 刘前卫，杨芳主编 . —北京：中国电力出版社，2020.9

ISBN 978-7-5198-4720-3

Ⅰ . ①手⋯ Ⅱ . ①刘⋯ ②杨⋯ Ⅲ . ①电力工业 – 专利申请 – 基本知识 Ⅳ . ① G306.3

中国版本图书馆 CIP 数据核字（2020）第 101954 号

出版发行：中国电力出版社
地　　址：北京市东城区北京站西街 19 号（邮政编码 10005）
网　　址：http://www.cepp.sgcc.com.cn
责任编辑：钟 瑾（010–63412867）
责任校对：黄 蓓　王海南
装帧设计：左 铭　郝晓燕
责任印制：钱兴根

印　　刷：三河市万龙印装有限公司
版　　次：2020 年 9 月第一版
印　　次：2020 年 9 月北京第一印刷
开　　本：710 毫米 ×1000 毫米　16 开本
印　　张：13.5
字　　数：217 千字
定　　价：53.00 元

前　言

托马斯·阿尔瓦·爱迪生，这位人类历史上伟大的发明家一生拥有超过2000项发明创造，其中最著名的包括留声机、电影机、电报机、电灯和电力系统等，这些发明都深刻改变了人类生活。1928年，爱迪生获得美国国会颁发的一枚金质奖章，以表彰他为人类作出的杰出贡献。美国国会在公告中指出，爱迪生的诸多发明价值已经达到150.599亿美元。然而，相对于在发明创造方面的盛誉，爱迪生对专利的高度重视和灵活运用却鲜为人知，这才是爱迪生能够不断成功吸引投资人将其创新成果商业化的关键所在。爱迪生在美国申请的专利就有1093项，他认为，发明并不是漫无目标地探索，也并非靠碰运气般地守株待兔，而必须有组织、有目的地去追求，就像组织起来做其他事情一样。

一百多年前，我们的先辈已经在创新的旅途中成功完成了从技术到权利的跳跃，并且充分实现了专利的价值。专利制度发展至今，其与技术创新的联系已密不可分，通过申请专利实现技术空间的跑马圈地已成为国际通行的游戏规则。

在我们的日常研发活动中，经常会产生好的创新思想，那么，如何才能将这些好的创新思想变成具有较高价值的专利呢？专利申请从最初创意灵感的显现、初步方案的设计、到申请专利文件细节的撰写，再到向国家知识产权局正式递交，获得最终的授权，需要经历复杂而漫长的过程。作为发明人，有时候我们虽然提交了专利申请却没有获得授权，可能并不是因为缺乏创意，而是没有很好地谋划并掌握一些申请技巧。

那么，如何进行专利申请前的谋划，如何规避专利申请的误区，如何快速把握专利文件的撰写要点，如何轻松搞定专利审查意见，从而不让我们的创意被谋杀在专利申请的各种套路中呢？带着这些问题，请你翻阅这本书吧。这本书会手把手教你如何开始申请前的谋划，如何撰写专利申请文件，轻松、快速地打开专利之门。

本书共八章。第一章介绍专利的基础知识、专利申请的常识与误区、专利申请的流程与必备知识；第二章介绍如何开始专利申请前的谋划，如何基于不同的角度，从日常工作中或项目研发过程中挖出更多有价值的专利提案点，初步开展专利布局；第三章介绍专利检索的作用，如何进行检索以及根据检索结果撰写检索报告，让专利"小白"初步掌握检索技巧；第四章分享交底书的撰写技巧，如何清楚完整地将创新想法用文字表达出来、交底书的重点是什么以及现有交底书存在的常见问题，让交底书做到一步到位；第五章介绍专利申请文件的 N 个细节，以及如何击破申请文件审核中的各个难点，指引发明人从技术的角度审核申请文件，以确保最希望保护的关键内容准确、清楚地体现在申请文件中；第六章介绍专利申请正式递交前的审度与抉择，需要完成哪些规定动作，递交哪些材料，履行何种手续；第七章介绍如何理解国家知识产权局下发的审查意见，如何跟审查员"讨价还价"，如何配合代理人撰写答复意见，以最大限度地提高专利申请获得授权的可能性，减少"辛辛苦苦好几年，一夜回到申请前"的悲剧；第八章介绍如何降低驳回的概率，启动复审需要注意的事项，以及必要时如何采取特殊的分案申请。

这八章内容涵盖了专利申请的各个重要环节，各章之间既相互联系又相对独立。阅读本书时，如果专利基础比较薄弱，则可以从第一章开始系统地进行学习；如果有一定的专利基础，则可以快速定位到想要了解的章节进行学习，且每个小节下以问句形式列出了专利申请过程中需要注意的关键问题，并配以典型案例，方便按需求快速阅读。

还在犹豫什么，快来开启我们的专利之旅吧！

编委会

2020年7月

手把手教你玩转电力领域专利申请

目　录

专利知识科普篇

——掀起专利的盖头来

小时候总是喜欢看新娘子

盖着红盖头的新娘子显得那么神秘美丽

如果你现在还觉得专利很神秘

那么一定是因为你没有掀开专利的"盖头"

本章将为您掀开盖头，普及专利的基本知识

第一节

相见恨晚
——专利知识大探秘

趣专利·猜一猜

猜猜哪些是专利?

专利其实随处可见,并不神秘,只要有技术的地方就有专利。日常生活中,每天衣食住行接触的各类用品,如电视、冰箱、饮水机、汽车,甚至酸奶、冰淇淋等都包含了为数不少、类型多样的专利。看看图1-1~图1-4摘自专利文件的图片,有没有联想到一些熟悉的产品?

图1-1　轿车外观设计图　　　　图1-2　手机外观设计图

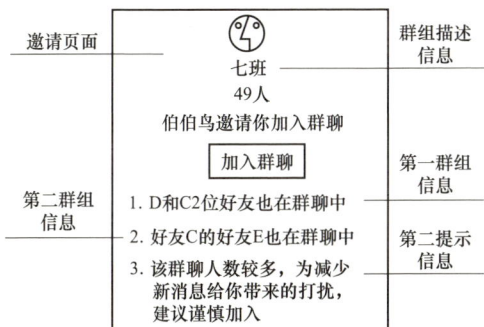

图1-3　微信群聊邀请界面示意图　　图1-4　牛奶盒外包装设计图

智能手机更是一个典型的专利技术集合体，共涉及超过二十万件专利，如显示屏、触摸屏、摄像头、手机电池、壳体、键盘设计、射频电路等各个部件均包含诸多专利技术。比如，在手机锁屏状态下，通过滑动屏幕特定位置实现解锁的技术就是苹果公司非常经典的一件专利，如图1-5所示。

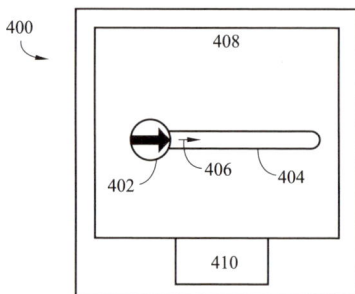

图1-5　苹果手机滑动解锁功能示意图

400—设备；402—解锁图像；404—通道；406—箭头；408—触摸屏；410—菜单按钮

其专利的基本信息如表1-1所示。

表1-1　　　　　　　　苹果手机滑动解锁功能专利基本信息

申请（专利）号	CN200680052770.4	申请日	2006年11月30日
公开（公告）号	CN101371258A	公开（公告）日	2009年02月18日
最终专利权人	苹果公司		
地址	美国加利福尼亚		
主分类号	G06F21/20（2006.01）	国省代码	美国；US
申请（专利权）人	苹果公司（APPLE COMPUTER）		
发明（设计）人	I·乔德里；B·奥丁；A·安祖丽斯；M·瓦诺斯；S·O·勒梅；S·福斯塔；G·克里斯蒂（IMRAN CHAUDHRI；BAS ORDING；MARCEL OS VAN；SCOTT FORSTALL；GREG CHRISTIE）		

在电力行业，专利同样无处不在，遍布发电、输电、变电、配电、用电的各个环节。以用电环节为例，从最早的人工入户抄表到远程自动抄表，离不开专利技术的贡献。为了实现远程自动抄表，企业围绕电量采集系统的设计、电量及相关数据的传输、抄表采集器的设计、智能电表的设计、对传统电表的改造、远程参数的配置等方面进行技术创新，由此产生了大量专利。

例如，2002年1月30日，亚联电信网络有限公司和以色列独创技术有限公司在中国共同申请了一件名为"远程无线自动控制抄表系统及数据监控单元"的专利，该远程无线抄表系统包括由N个用户终端测量单元及其对应集中器组成的低压台式变压器用户单位，以及中央计算机。N个用户终端测量单元通过低压电力线与集中器连接，集中器通过通信媒体与中央计算机连接，形成上行有线信道；全体用户终端测量单元通过无线寻呼网与中央计算机连接，形成下行无线信道。用户终端测量单元由光传感器、无线接收电路、解码存储单元、中央处理单元和继电器驱动电路组成。

专利到底是什么？

趣专利·猜一猜

中国的四大发明影响深远，但却都不是专利，因为当时全世界还没有专利的概念。

专利作为法律赋予的保护发明创造的权利，指各国或地区的专利行政主管部门，如中国国家知识产权局、美国专利商标局等，依法授予专利申请人在一定期间内实施其发明创造的排他性权利。

专利1474年起源于威尼斯。从专利制度设计的初衷来看，17世纪以后，现代化大生产的出现，商品经济迅速发展，使先进的科学技术在社会生产中的作用日益凸显，新技术成为一种最有效的竞争手段。一方面，新技术的拥有者要求以法律手段保护自己的新技术；另一方面，社会又需要新技术的拥有者尽快向公众公开其新技术，避免重复研发，使新技术更广泛地应用于社会生产，促进社会经济发展。在此历史条件下，以"公开换保护"为设计原则，即通过公开自己的发明创造，换取国家或该地区给予的一定时期内排他性保护的专利制度在世界范围内广泛发展起来。

到了今天，专利更是已经成为企业参与市场竞争的利器，是企业经营管理的重要内容，其对于企业的价值至少体现在如下几方面：

1. 专利是企业的重要资产

专利等无形资产已取代有形资产，成为衡量公司市值的重要组成部分。据统计，标准普尔500指数覆盖的公司，包括专利、商标、版权等知识产权在内的无形资产的价值在1975年仅占公司市值的17%，而到了2005年，这一比重就已变成80%，即便是传统上有形资产价值高的能源行业，无形资产也已占到了公司市值的69%。可见，四十多年前，公司市值绝大部分由货币性资产和有形资产决定，如现金、库存、应收账款、生产设备、办公设备等，而现在专利、商标、版权和其他无形资产成了公司市值的主要决定因素。

2. 专利是企业创新实力的法律证明

专利是企业对创新技术拥有所有权的法律证明，也日益成为企业技术创新能力的重要标志。因此，在国家对高新技术产品、高新技术企业、国家科学技术进步奖等资格评审和认证中，专利拥有情况是一项重要的评价指标。一个企业拥有专利技术的多少能够从侧面反映了企业研发能力的强弱，从而反映出企业竞争实力的大小。许多国际知名大公司，例如高通、英特尔、丰田、博世等，既是行业内的技术领先者，同时也是相关领域在全球范围内专利申请的大户。

3. 专利是企业市场竞争的有利工具

由于专利权的实施包括制造、使用、许诺销售、销售、进口等行为，从产业链来看，好的专利对产业上下游厂商、同业竞争者以及潜在进入者都可以起到限制作用。因此，专利已被很多企业作为竞争利器，利用专利的排他性权利提升企业与合作厂商之间的议价能力，为同业竞争者和潜在进入者构筑更高的进入门槛。同时，专利还可以作为市场竞争时合纵连横的筹码，尤其在开放创新的大背景下，通过专利联盟、交叉许可等手段，形成多赢的合作局面，降低企业竞争压力。

可以说，创新与专利是天然联系在一起的，具有专利保护价值的创新成果申请了专利，就可能获得巨大的经济利益，正如美国前总统林肯所说，专利制度是"为天才之火，浇上利益之油"。

专利有哪些类型?

我们都知道宋词有豪放派和婉约派之分，那么专利有哪些类型呢？《中华人民共和国专利法》（简称《专利法》）规定了三种专利类型，即发明专利、实用新型专利和外观设计专利。我国专利的三种类型及各自的保护客体如图1-6所示。

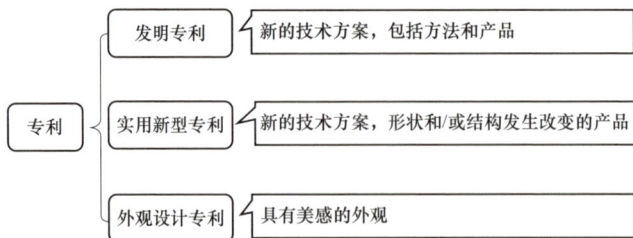

图1-6　我国专利的三种类型及各自的保护客体

发明专利保护所有的新技术方案，包括方法和产品。常见的方法有电力设备控制方法、移动通信方法、金属冶炼方法、食用油生产方法、塑料生产方法等，常见的产品有电气设备、通信终端、机械设备、食用油配方、塑料组成成分等。

而在电力行业，各种与技术相关的方法、装置及系统一般都属于发明专利保护的对象，可以申请发明专利。例如，局部放电采集方法、直流输电系统行波保护方法、高压直流换流变压器的有载调压开关连接方法、抑制电力系统低频震荡的方法、交联电缆对接辅助装置、一种蜂窝式高强钢输电杆塔、单相变压器、特高压换流站、直流换流变压器、级联换流站和级联多端高压直流输电系统、高压直流快速隔离开关、用于高空作业的杆塔防坠落保安装置等。

实用新型专利只保护形状和/或结构发生改变的产品，换句话说，实用新型不保护方法，保护的范围比发明专利窄。此外实用新型专利强调实用性，创造性要求比发明专利低，俗称"小发明"。电力行业所涉及的一些实用新型专利有牵引绳跨越操作杆、一种特高压直流穿墙套管中心导电管组件、电力设备带电除雪专用工具等。有形产品的小发明，比较适用于申请实用新型专利。

需要说明的是，能申请实用新型专利的技术方案通常都可以申请发明专利，虽然实用新型专利和发明专利的创造性高度要求不同，但却并没有明确的界限。

外观设计专利，顾名思义只保护美感的外观。例如电表盒外观设计，变压器外观设计，电流互感器升降器、开关站、高压组合开关的外观设计等。

专利授权书是一张永久保护的门票吗？

专利授权书是有时效性的，并不是永久保护。世界上各个国家都设置了专利保护期限。《专利法》规定，发明专利的保护期限为20年，实用新型专利和外观设计专利的保护期限为10年。保护期限从向知识产权局正式提交专利申请之日（即在国家知识产权局获得专利申请号的日期）起算，保护期满后专利自动失效。可见专利并不能永久获得保护，这是为什么呢？

趣专利·问一问

专利的根本目的是推动新技术的商业应用，进而促进科学技术进步和经济社会发展。如果专利授权后获得永久保护，便会阻碍新技术的应用。例如，飞机专利获得永久保护，可能至今我们仍然只能坐火车；拉链专利获得永久保护，可能至今我们都没法穿上牛仔裤。

通过设定保护期限，专利自动失效后便成为免费共享的社会资源，有利于专利技术的广泛传播，符合社会公众的利益。例如，昂贵的专利药品保护期满后，各个制药厂商便可以自由仿制该药品，公众便能买到更加便宜的药品。

世界上主要国家或地区的专利保护期限如表1-2所示，但需要注意的是，涉及一件专利保护期限的准确测算需要关注该国家或地区对于此种专利类型保护期限的起算日。例如，绝大多数的发明专利的保护期限自申请日起算，而不少外观专利的保护期限则可能自注册日或颁证日起算，如美国和韩国的外观设计。

表1-2　　　　　　　　　　部分国家或地区专利保护期限

国家/地区	专利保护期限
中国	发明专利20年，实用新型专利和外观设计专利10年
美国	发明专利20年，设计专利14年
加拿大	发明专利20年，外观设计专利10年
欧洲	发明专利20年，外观设计专利可续展至25年
英国	发明专利20年，外观设计专利可续展至25年
德国	发明专利20年，实用新型专利可续展至10年，外观设计专利可续展至25年
法国	发明专利20年，实用新型专利6年，外观设计专利可续展至50年
韩国	发明专利20年，实用新型专利10年，外观设计专利15年
日本	发明专利20年，实用新型专利10年，外观设计专利20年
新加坡	发明专利20年，外观设计专利15年
俄罗斯	发明专利20年，实用新型专利5年（可续展至8年），外观设计专利10年（可续展至15年）

专利保护可以漂洋过海跨越国界吗？

趣专利·问一问

在中国申请专利在外国是不能受到保护的，同样，在外国申请的专利在中国也不能受到保护。专利的保护具有地域性，在一个国家申请的专利只能在该国国内获得保护。例如，朗科公司在中国申请的U盘专利只能在中国获得保护，在美国申请的U盘专利只能在美国获得保护。

如果相同的技术需要在多个国家获得保护，就需要分别在这些国家获得专利权。例如，1999年开始，施耐德公司为了在全球主要市场保护其一种机电接触器的发明专利，在阿根廷、奥地利、澳大利亚、巴西、加拿大、中国、哥伦比亚、德国、丹麦、埃及、西班牙、法国、匈牙利、日本、马来西亚、墨西哥、挪威、波兰、葡萄牙、俄罗斯、突尼斯、土耳其、乌克兰、美国、南斯拉夫、中国台湾、欧洲、非洲等约30个国家和地区进行了专利申请，部分专利信息如表1-3所示。

表1-3 施耐德公司的一种机电接触器的全球同族专利申请信息

申请号	专利名称	申请日期	申请国家或地区
ARP20000105359	CONTACTOR–DISYUNTOR	2000年10月11日	阿根廷
AT2000969623T	SCHALTSCHUTZ	2000年10月10日	奥地利
AU2000079294	Reverse current relay	2000年10月10日	澳大利亚
BR0014657A	Contactor–disjuntor	Contactor–disjuntor	2000年10月10日	巴西
CA2387191	REVERSE CURRENT RELAY	2000年10月10日	加拿大
CN00813988.1	接触器—断路器	2000年10月10日	中国
CO2000077471	CONTACTOR DISYUNTOR	2000年10月11日	哥伦比亚
DE60003575	SCHALTSCHUTZ	2000年10月10日	德国
DK2000969623T	Kontaktor med automatafbryder	2000年10月10日	丹麦
DZ3212DA	Contacteur–disjoncteur	2000年10月10日	阿尔及利亚
EG20001303	Contactor – circuit breaker	2000年10月11日	埃及
EP2000969623	REVERSE CURRENT RELAY	2000年10月10日	欧洲
ES2000969623T	CONTACTOR–DISYUNTOR	2000年10月10日	西班牙
FR1999012746	CONTACTEUR–DISJONCTEUR	1999年10月11日	法国
HU2002003442	Védőkapcsoló–megszakító	2000年10月10日	匈牙利
JP2001530884	コンタクタ・ブレーカー	2000年10月10日	日本
MA26580	CONTACTEUR–DISJONCTEUR	2002年04月02日	摩洛哥
MX2002003416	REVERSE CURRENT RELAY	2000年10月10日	墨西哥
NO20021697	Kontaktor–skillebryter	2002年04月10日	挪威
PE2000001085	CONTACTOR–DISYUNTOR	2000年10月11日	秘鲁
PL2000354172	Stycznik–wyłącznik	2000年10月10日	波兰
PT2000969623T	CONTACTOR–DISJUNTOR	2000年10月10日	葡萄牙
RU2002112237	ЗАМЫКАТЕЛЬ–РАЗМЫКАТЕЛЬ ЦЕПИ	2000年10月10日	俄罗斯
TN200000197	CONTACTEUR–DISJONCTEUR	2000年10月10日	突尼斯
TR200200967T	Kontaktör–devre kesici	2000年10月10日	土耳其
TW089121176	接触器—断路器	2000年10月11日	中国台湾
UA2002053846	REVERSE CURRENT RELAY （VARIANTS） REVERSE CURRENT RELAY （VARIANTS）	2000年10月10日	乌克兰
US10/110321	Reverse current relay	2000年10月10日	美国
PCT/FR2000/002808	REVERSE CURRENT RELAY	2000年10月10日	世界知识产权组织

申请号	专利名称	申请日期	申请国家或地区
YU20020265	CONTACTOR–CIRCUIT BREAKER	2000年10月10日	南斯拉夫
ZA200202728	Reverse current relay	2002年04月08日	南非

对于拥有海外市场或准备开拓海外市场的企业，海外专利申请具有十分重要的意义。例如，通过对自身产品加以专利保护，能够为企业的产品进入海外市场保驾护航，提升产品附加值，帮助维护、巩固和提升产品的市场地位和竞争优势。又如，开展海外专利布局可以帮助企业积累专利实力，借此抗衡或制约竞争对手，或帮助企业积累专利筹码，未来通过专利诉讼等方式牵制市场同质化竞争对手，甚至基于对专利的认知和尊重，拥有海外专利保护的产品可能在企业拓展海外市场的过程中获得更多的认同感。

趣专利·聊一聊

第二节

特别提醒
——专利申请的常识与误区

🔍 只有重大创新才能申请专利吗?

必须说,这是一种误解!正是这种误解让很多技术人员误认为申请专利十分困难,专利离自己很遥远。

实际上,技术人员在日常工作中为了解决技术问题所做出的技术改进,只要具有创新性,都可以申请专利。只是根据创造性高度不同,专利可分为开拓性专利和改进性专利。

开拓性专利,是指首创性的专利,如飞机、蒸汽机、电灯、电话、手机等重大发明所申请的专利,这类专利仅占极少的一部分。

改进性专利种类很多,比如与现有技术相比,形状、尺寸或位置关系发生变化,带来了更好的产品质量,或者减少了一个或多个零部件、省略了一步或多步工序等等。可以说,电力企业提出的专利申请绝大多数都属于改进性专利,例如,保障大电网安全运行、提升输变电效率、提高发电节能减排效果等方面的专利,都是典型的改进性专利。

改进性专利和开拓性专利同样重要,在某种意义上,改进性专利可能更加具有实用价值。可以设想一下,如果没有改进性专利,那么现在的飞机仍然还是莱特兄弟的飞机,现在的手机仍然还像砖头那么大。

重大创新通常更容易产出专利提案点,是产生专利的一个重要来源,但并不是唯一来源。技术人员在本职工作中遇到技术问题,解决问题的方案都可能是好的专利提案点。技术人员在申请专利时,切勿参照项目申报,一味"贪高""贪大"。专利领域有句行话,叫做"小专利,大作用",讲的就是也许在技术人员看似并不"高大上"的技术,结果申请专利后在企业竞争中发挥了不小的功效。例如,著名的华为公司在欧洲起诉中兴公司案中，就有一件非常典型的"小专利"，其保护的是一种USB的旋转头结构及拥有这种结构的USB装置，基本信息如下：

· 名称：USB接口和USB设备（USB connector and USB device）

· 专利号：EP 2096724B1

· 申请人：华为技术有限公司（Shenzhen Huawei Communication Technologies Co. Ltd.）

· 申请日：2009年2月19日

· 授权日：2010年2月17日

· 这件案件中涉及的USB旋转头设计示意图如图1-7、图1-8所示。

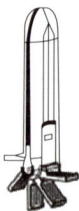

图1-7　华为USB旋转头设计示意图　　图1-8　中兴数据卡旋转头设计示意图

🔍 符合专利申请的基本条件是什么？

尽管构成技术方案的发明都可以申请专利，但并不是所有的技术方案都应当或适合进行专利申请。一方面，专利法规定了专利授权的条件，不满足相关条件的专利申请不可能获得授权；另一方面，有些发明市场应用价值很低，或几乎很难发现别人侵权，这些发明可能并不适合进行专利申请。

专利法中规定的授权条件有实用性、新颖性和创造性，如图1-9所示。在申请之前，作为发明人，技术人员可以先用这三个基本条件对自己的方案进行初步的判断。

只要方案能够在产业中进行制造并使用，能够产生积极的效果就符合实用性的要求。理解实用性有两个要点，一个是"能够"，即只要理论上是可以制造并

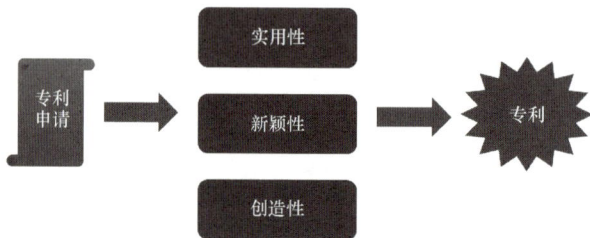

图1-9　专利申请成为专利的三个主要条件

使用就可以，并不要求已经制造出产品；但是像永动机、水变油等违反物理基本原理的方案就明显不符合实用性要求；第二个是"积极的效果"，要求技术人员能够对自己的发明在某一方面的积极效果进行论述。从以上两个要点可以看出，对一般的方案来说，实用性是很容易满足的。接下来我们看看新颖性和创造性。

国家之所以对一项发明创造授予专利权，为专利权人提供一定期限的排他性权利，是为了鼓励专利权人公开新的技术，为了这一值得的公开，向专利权人做出补偿。但对于已经公知的技术来说，任何人都不应当也没有权利通过将它申请专利获得垄断权而由此剥夺公众自由使用的权利。因此，专利法对发明创造创新程度的第一项要求，即必须是新的技术方案，也就是通常所说的"新颖性"，目的就在于防止将已经公知的技术批准为专利，它是授予发明和实用新型专利权最为基本的条件。

例如，一种扩径导线，其结构如图1-10所示，导线中心层采用7根镀锌钢线，铝内层采用8根铝单线，铝中层采用9根铝单线，铝外层采用21根铝单线。此导线结构采用疏绞方式扩大了导线外径，可利用较少的铝单线导体达到与常规钢芯铝绞线一致的等效直径，在满足输送容量要求和环境保护指标的前提下，可大幅降低线路整体造价。

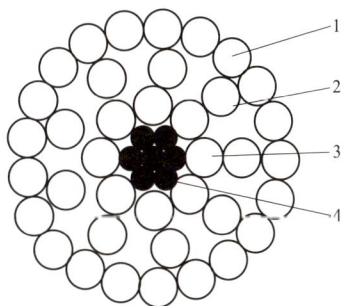

图1-10　一种扩径导线截面图

1—铝外层；2—铝中层；3—铝外层；4—中心层

经检索，发现一篇公开的论文《1000kV特高压输电线路用扩径导线的研制》（2010年3月，电缆电线技术专题），如图1-11所示，该论文公开了："导线中心层采用7根镀锌钢线，铝内层采用8根铝单线，铝中层采用9根铝单线，铝外层采用21根铝单线"，可见，该专利提案的技术方案已被公开。因此，本提案不具备专利法规定的新颖性。

但仅有新颖性还是不够的，虽然它是新的，但如果普通技术人员很容易想到，也不应当授予专利权，否则专利就会太滥太多，对公众正常的生产经营活动产生不应当的限制。因此，专利法对技术方案的创新程度进行了进一步的规定，也就是专利法要求的创造性。

新颖性和创造性是由本领域普通技术人员根据专利技术方案提出之前已经公开的技术进行判断的。其中，新颖性要求申请专利的技术方案与已经公开的现有技术不相同；创造性不但要求申请专利的技术方案与现有技术不同，并且要求申请专利的技术方案相比现有技术不是显而易见的，即不是本领域技术人员容易想到的，同时还能够带来一定的技术进步。

630k720型特高压输电线路用扩径导线				
项目	主要参数			
	外层	邻外层	内层	芯层
导线结构	AL:21根(ϕ4.53)	AL:9根(ϕ4.71)	AL:8根(ϕ4.71)	ST 7/2.80
截面积(mm^2)	铝	钢	总	
	634.66	43.1	677.76	
钢比(100%)	6.8			
外径(mm)	36.30			
单位长度质量(kg/km)	2090			
额定抗拉力(kN)	159.9			
拉力/质量(km)	7.80			
直流电阻(Ω/km)	0.04542			
弹性模量(×10^{3}MPa)	63.6			
热膨胀系数(×10^{-6}/℃)	20.8			

图1-11　对比论文中公开的扩径导线

在评价专利申请是否具有新颖性和创造性时，关键在于与已经公开的现有技术进行比较。在专利申请阶段，我们需要了解的主要是申请日以前在国内外公开的技术，如公开的专利文献、科技论文、学术报告、公开的标准文稿等。这些内容一般需要通过专利文献和科技文献的检索获得。

新颖性和创造性是专利能否获得授权以及授权后专利权是否稳定的重要条件。对新颖性和创造性的分析评价贯穿于专利申请的全过程：

（1）企业内部专利管理过程中，专利预审、专利评审环节都会对技术方案的新颖性与创造性进行评价，不具有新颖性和明显不具有创造性的技术方案在预审、评审阶段不予通过。

（2）在专利申请提交知识产权局后，知识产权局的审查员会检索判断方案的新颖性和创造性，如果审查员认为专利申请不具有新颖性或创造性，审查员会驳回专利申请。

（3）对于通过知识产权局审查获得授权的专利，如果其他人找到在专利申请前公开的影响新颖性和创造性的对比文件，可以通过专利无效程序使专利权无效。

🔍 如何判断申请专利的创造性？如何提升创造性？

趣专利·聊一聊

专利申请的创造性判断有一个著名的三步法，如图1-12所示。

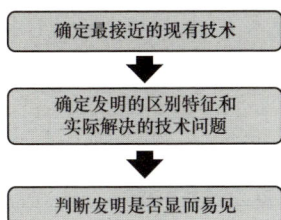

图1-12　创造性判断三步法流程图

1. 确定最接近的现有技术

最接近的现有技术，是指现有技术中与自己想要寻求保护的发明最密切相关的技术方案，它是判断发明是否具有突出的实质性特点的基础。最接近的现有技术主要依据对国内外的科技文献和专利文献检索确定，可以是与自己的发明技术领域相同，所要解决的技术问题、技术效果最接近或公开了发明的技术特征最多的技术。

2. 确定发明的区别特征和实际解决的技术问题

根据确定的最接近的现有技术，分析自己的发明与最接近的现有技术相比有哪些区别点，然后根据该区别点确定发明实际解决的技术问题。一般情况下，实际解决的技术问题往往是为了获得更好的技术效果而需对最接近的现有技术进行改进的技术任务。

3. 判断发明是否显而易见

在该步骤中，要从最接近的现有技术和发明实际解决的技术问题出发，判断自己的发明对本领域的技术人员来说是否显而易见。下面是两种典型的会被视为显而易见的情形。一是区别点是常规技术手段，例如，在一个电力值班报警系统中，与现有技术的区别点是用发微信替代了原来的短信通知；在手机和笔记本电脑的互联中，用蓝牙连接替代红外连接等。二是区别点已经被公开，例如，一种电话记录排序的方法，为了使用户更快找到经常拨打的电话，发明人提出用户每拨打一次通讯录中有记载的电话，就计数1次，将拨打次数最多的电话信息排在最前面，但是，现有技术已经存在根据拨打次数排序的方案，这项发明与现有技术的区别点仅是在电话中增设暂存器存储拨出的电话记录，而这个区别点正好被相关文献所公开。因此，这项发明也会被视为没有创造性。

为了降低因新颖性或创造性不符合专利法规定而被驳回的可能，我们应当在提出专利申请前就开始着手相应的工作。对于确定申请的技术方案应考虑尽早提出专利申请，避免他人先期公开的技术破坏新颖性和创造性。同时，应尽量充分地进行国内外专利文献和科技文献的检索，了解已有的相关技术，而不限于公司内部以往或现在实际采用的技术方案。通过与已有技术的比较，确认本专利申请与已有技术是否存在差别，如果不存在差别，专利申请就不具有新颖性，对于此种情形，建议重新寻找发明点，而不要回避现有技术继续申请。

能够申请专利的方案长什么样子？

撇开外观专利不论，发明和实用新型专利本质上是一种技术，因此申请专利的方案首先必须是技术方案。专利意义上的技术方案需要同时满足三个条件，即解决了技术问题、采用了利用自然规律的技术手段、获得了技术效果，三者缺一不可。只解决了技术问题而没有采用技术手段，或者只采用技术手段而没解决技术问题并获得技术效果的方案，都不属于专利法意义上的技术方案。

具体到电力企业，除少数情况外，一般情况下各种方法、装置及系统都属于技术方案，都可以申请专利，下面举两个属于技术方案的例子。

1. 一种高压直流换流变压器及其有载调压开关的连接方法

其解决的技术问题是现有技术中的高压直流换流变压器采用交流侧线路连接方式，在极性开关动作时，调压线圈杂散电容放电不完全，导致产生少量乙炔气体，在多次积累后产生安全隐患。技术手段是将高压直流换流变压器的所有调压线圈单独绕制为一圈，在换流变压时不论是在阀侧电压较低时放置在最外侧或是阀侧电压较高时放置在最内侧，调压线圈均有较大的对地电容。技术效果是大大减少了乙炔气体的产生，使换流变压器的工作更为安全可靠。该方案同时满足技术方案的三个条件，因此属于技术方案。

2. 一种移动式架空地线直流融冰系统

其解决的技术问题是施工现场地形过于复杂，无法直接对地线施加高压、现场无法取得融冰电源的问题。技术手段是设计一种由移动电源车、接线箱、架空地线依序串联组成的移动式架空地线融冰系统，移动电源车的输出端通过电缆连接所述接线箱的输入端，接线箱的输出端通过电缆连接架空地线的输入端。技术效果是直流电流由移动电源车提供，直流电流经过架空地线中的高强度绝缘铜线时，铜线本身的电阻会消耗电能并因电流热效应而产生热量，这些热量传递给地线，使得地线的温度升高从而融化覆冰层。由于移动电源车提供的直流电流连续可调，因此能够保证不同条件下的融冰所需的不同大小的电流，也能够防止电流因过大而损坏绝缘层或者因过小而无法实现融冰。

当然，也存在少数方案不能申请专利的情况，常见的情形有如下两种：

1. 属于智力活动的规则和方法

智力活动的规则和方法是指导人们进行思维、表述、判断和记忆的规则和方法，由于没有采用技术手段或利用自然规律，不构成技术方案。

例如，设计几种电力交易套餐适合不同消费群体、根据客户每个月的用电额度将客户分为几个等级、根据市场竞争对手数量和所占份额评估市场竞争度等方案，这些方案都是人为制定的，可以随意改变，不受自然规律约束，因此不属于技术方案，不能申请专利。

2. 不能同时满足技术方案的三个条件

例如，为了解决某一台区线路故障的技术问题，采取的手段是免除用户一个月的电费，这既不是技术手段也没有获得技术效果，所以不是技术方案，不能申请专利。

特别需要注意的是，应首先确认解决的问题是技术问题，而不是商业运营、管理或社会等方面的问题，常见的技术问题包括设备负载不合理、处理时延较长、生产率低下、资源利用率低、失真严重、功耗大等。

既想申请专利，又想发表论文，该怎么做？

趣专利·测一测

申请专利意味着可以约束其他人使用专利记载的技术方案，可能获得巨大的经济利益。发表论文更多代表一种学术成就或荣誉，并不能阻碍其他人使用论文记载的技术方案。

如果先发表论文，即便是自己发表的论文，也将使得论文中介绍的技术方案成为现有技术，破坏自身专利申请的新颖性和创造性。也就是说，先发表论文，将极大可能地导致专利申请失败。反过来，先申请专利再发表论文是可以的，只需要保证正式向国家知识产权局递交专利申请的日期早于论文的发表日期。

虽然专利法中规定了在申请日前六个月之内，在国务院有关主管部门或者全国性学术团体组织召开的学术会议或者技术会议上发表的论文不影响专利的新颖性。但这也只是一种特殊情况，对会议的级别、会议召开的时间、证明文件、证明文件的提交时间都有严格的限制，只要其中任意一项不满足要求，都将导致专利的新颖性受到影响而被驳回。

对于技术人员而言，如果是迟早要公开且有价值的技术方案，应当第一时间考虑申请专利，然后再进行其他事宜，例如发表论文、与厂商沟通、测试验证、试商用等等。当然，有些时候，企业对一些重大技术既不申请专利也不发表论文，而是通过技术秘密的方式保护，例如可口可乐公司的可乐配方。

第三节

经验之谈
——专利申请的流程与必备知识

趣专利·测一测

🔍 工作中产出的专利申请还是自己的吗？

既然专利是一项权利，它该归谁所有呢？专利法规定，对于职务发明，申请专利的权利归单位，获得授权后单位拥有专利权；对于非职务发明，申请专利的权利归发明人，获得授权后发明人拥有专利权。

工作中产出专利申请，也就是职务发明，就是执行单位的任务或者主要利用单位的物质技术条件完成的发明创造，通俗地讲，就是在单位工作期间做出的与工作相关的发明创造。例如，企业研发人员在项目研发或日常工作中完成的发明创造就都属于职务发明，提交专利申请时，企业是专利申请人，申请被批准后，获得的专利权归企业所有，由企业行使专利权。

将自己的技术方案申请专利的人，即发明人，是对专利做出创新贡献的人，也就是常说的确实参与专利技术研发的技术人员。发明人可以是独自研发的一位技术人员，也可以是共同研发的多位技术人员，但是发明人不享有职务发明的专利权。

🔍 专利授权后，专利权人和发明人分别拥有什么权利？

趣专利·聊一聊

专利授权后，专利权人和发明人都能从中受益。对于专利权人来讲，主要体现在直接经济价值、技术威慑价值和提升对产业环境的影响等三个方面。

第一，专利可以直接用来获得经济利益，主要方式包括实施专利、转让专利、许可他人使用专利和专利侵权诉讼。

实施专利，即自己应用专利技术获利。例如，莱特兄弟申请飞机专利后，自己生产并销售飞机获利。

转让专利，即把专利转让给其他人以获得资金，通俗地讲就是卖专利。例如，2010年在中国技术交易所举行的中国科学院计算技术研究所首届专利拍卖会上，计算所通过拍卖的方式转让其拥有的多件专利获取收益。

许可他人使用专利，即收取专利许可费。例如，高通公司向国内外多家公司收取移动通信关键技术，如CDMA专利许可费；或者是与持有自己需要的专利技术的公司合作，将自己所持有的专利作为交换，进行交叉许可。

专利侵权诉讼，即状告其他人侵犯自己的专利要求赔偿。例如，中国正泰集团公司状告施耐德电气低压（天津）有限公司侵犯自己的"一种高分断小型断路器"的实用新型专利，要求对方赔偿，最后获赔1.57亿元达成和解。

第二，专利可以起到技术威慑作用，警告对方不要轻举妄动。此时专利的作用类似于核武器，如果双方都持有则会保持一种平衡。例如，2010年3月索尼在美国起诉群创（当时尚未与奇美合并）、冠捷科技和优派，称三家公司侵犯了自己有关液晶电视、显示器的10项技术专利。奇美2010年7月、8月在美国以及中国内地对索尼提起反诉，认为索尼侵犯其多项专利权。最终索尼和奇美电子的侵权纠纷达成和解，因为双方都有专利，谁也占不到多大便宜。

第三，专利是公司具有核心竞争力的标志，能够提升公司影响力，尤其是对产业环境的影响。拥有多少专利，特别是核心专利，是衡量公司技术研发实力的重要指标，世界各大知名企业通常都拥有数量庞大的专利。

发明人具有专利的署名权和获得奖励与报酬的权利。

专利署名权是指发明人或设计人有在专利文件中写明自己是发明人或设计人的权利，是对发明人的一种精神奖励。专利文献的扉页上会记录发明人的名字，表明该技术是由该发明人做出的，这是一种荣誉。一个技术人员是否申请过专利，申请过多少件专利，是其技术研发能力的体现。

在物质奖励方面，根据《专利法》和《中华人民共和国专利法实施细则》（简称《细则》）的规定，单位应与发明人约定具体的奖励、报酬方式和数额。一般来说，一项发明专利的奖金最低不少于3000元；一项实用新型专利或者外观设计专利的奖金最低不少于1000元。实施发明创造专利后，每年应当从实施该项发明或者实用新型专利的营业利润中提取不低于2%或者从实施该项外观设计专利的营业利润中提取不低于0.2%，作为报酬给予发明人，或者参照上述比例，给予发明人或者设计人一次性报酬；被授予专利权的单位许可其他单位或者个人实施其专利的，应当从收取的使用费中提取不低于10%，作为报酬给予发明人或者设计人。

此外，专利作为发明人的重要工作成果，已成为很多公司技术人员涨薪和晋升的重要考评指标之一。

🔍 准备申请专利了，需要做哪些筹备工作?

如果准备申请专利，发明人首先要做的是根据初步方案进行交底书撰写。撰写交底书的作用是将技术方案详细地表达出来，实质上是对初步方案进行细化，让别人清楚地了解到底是什么样的技术方案，通俗地讲，就是根据中心思想写作文。

接下来，是对技术方案进行检索。检索的目的是初步判断技术方案是否具有新颖性和创造性，看看现有技术中是否存在明显相同的技术方案。如果检索到相关的技术方案，还需要根据检索到的方案调整交底书中方案描述的侧重点，突出自己的发明与所检索到的方案的区别。

为了提高专利质量，不少电力企业开始建立专利提案内部评审机制。在正式申请前，对专利提案进行内部审核，可以剔除明显不具有授权前景、申请价值过低、重复性或更适宜采用商业秘密保护的专利提案，同时，进一步帮助发明人完善专利提案，确定具体的专利申请策略。对于已实施专利分级管理的企业，专利内部评审还将初步确定专利提案的级别。

专利提案内部评审一般在发明人完成技术交底书后进行。当然，企业也可以将专利提案评审安排在技术交底书撰写之前，发明人仅需提供发明创造的思路概要，这样可以适当减轻发明人的负担，但评审时可能出现发明点不清晰的状况。

在评审通过或者判断技术方案具有创新性之后，将委托代理机构进行申请文件的撰写。在代理机构的代理人完成申请文件的撰写工作且发明人和专利人员审核无误后方可向国家知识产权局正式提交专利申请。

第二章

专利申请谋划篇

——提早排兵布阵才能出奇制胜

赤壁之战，周瑜谈笑间，轻轻松松就把曹操80万大军烧得精光

但是，在周瑜故作轻松的表面背后，是周密的谋划

不只是行军打仗需要提前谋划

专利申请前也需要提前排兵布阵

那么，专利申请需要提前做哪些工作呢

本章将为您——揭晓

第一节

兵马未动粮草先行
——申请专利早谋划

专利申请需要提前谋划吗？

很多时候，专利申请都是技术人员自己想到什么就申请什么。但根据实践经验来看，由于缺乏事前的有效规划，专利申请的点会比较散乱，不利于对研发项目的成果进行系统保护，也不利于专利申请的整体布局和质量的提高。

在专利申请之前，系统地开展专利的事前谋划，尤其是在项目设计阶段同步开展项目专利规划和挖掘，将使得每件专利申请在项目中的位置和作用都十分明确，有助于对项目的创新成果进行立体保护，逐步建立起较为周密的专利保护网。

与此同时，专利挖掘还能够启迪研发，通过专利人员和技术人员的头脑风暴，专利人员指导技术人员从专利角度进行发明的扩展，可能会形成进一步的研发方向。同时，在专利挖掘过程中，往往会对本领域的专利文献进行检索，检索得到的相关专利也可以对研发工作形成借鉴。

什么时候开始专利挖掘才不会错失良机？专利挖掘的成果是什么？

专利挖掘工作最好与研发项目的设计、研究开发同步进行。在研发项目的设计阶段做好项目的专利规划工作，随着研发进程，逐步完成规划中各个技术点的专利申请提案。如果专利挖掘等到项目全部结束后再开展，可能会丧失最佳的申请时机，例如，有些方案别人也想到且抢先申请了，有些方案已经向厂家公开或者已经向标准组织递交提案等。

对于确定要申请的提案点，尤其是在项目研发和后期商业化推广中必然会公开的技术，在专利申请的技术方案初步形成且理论上可实现时，即可考虑专利申请，而不必等到项目实际研发成功。

围绕研发项目开展的专利挖掘工作，其产出是在专利布局指导下进行一系列的专利申请，我们也可以称之为专利组合。例如，一种典型的专利组合方式即基本专利与外围专利形成的专利组合。基本专利是指在研发过程中创造出来的具有奠基性作用、反映核心技术方案的专利。在项目研发过程中，应尽快将核心技术方案申请基本专利，尽早获得保护。在拥有基本专利后，发明人很可能会围绕该基本专利不断进行深入研发，例如进一步的改进、各类典型应用等。对于这些以基本专利为基础而产生的衍生研发技术成果，应当进行外围专利申请，以形成发射状的外围专利技术网，建立起牢固的专利保护壁垒。

值得注意的是，在项目研发过程中，仅仅申请基本专利是远远不够的，因为一旦基本专利的方案被公开，其他公司或个人就可以围绕该基本专利进行研究，然后再利用外围专利同基本专利权人抗衡。

专利提案的评价要素有哪些？

为了提高专利质量，不少电力企业开始建立专利提案内部评审机制，那么，专利提案的评价要素有哪些呢？

在正式申请前，对专利提案进行内部审核，筛除明显不具有授权前景、申请价值过低或更适宜采用商业秘密保护的专利提案。授权前景主要依据检索的对比文件对专利提案的新颖性和创造性影响来判断；申请价值主要考虑专利提案内外部的应用情况；是否采用商业秘密保护主要考虑能否保密以及申请专利后侵权发现和举证的难易程度。

专利提案的内外部应用情况主要从专利提案被公司自身或者其他公司实际采用的可能性以及专利提案实际应用后可能产生的经济效益两方面予以考虑。例如一种智能家电控制装置，可以在不需要用户手动接通或断开用电设备电源的前提下，实现远程控制用电设备的开启或关闭，同时，主控终端可以将携带信息的数据包通过智能家电控制装置发送给用电设备，用电设备根据数据包中的信息设置或查询自身的工作状态。该技术具有较好的市场应用前景，申请价值较高。

尽管专利提案的应用情况不属于授予专利权的条件，但它却是评估专利价值的重要指标，因此，企业在专利评审时常将其作为是否申请专利的重要评价条件。也就是说，如果方案本身不可行或者市场应用价值极低，这样的专利提案即使满足申请专利的其他条件而可能授权，但由于授权后的专利对于企业而言，毫无实际价值，反而要耗费大量经费与人力去申请与维护。因此，从专利管理角度，对于方案不可行或市场应用价值低的专利提案，一般不能通过评审。

对于发明人而言，应注意提高专利提案的可行性和市场应用价值，考虑方案的典型应用场景和实际应用中的影响因素，如方案实施是否需要对现有设备、网络进行改造，改造规模和成本大小等。

运用专利对抗他人必然需要获取专利侵权证据，以证明他人是否侵犯了专利权。如果侵权证据获取困难或者获取的成本太高，即使专利权人拥有了专利，也很难向侵权人行使专利权，还平白公开了自己的发明创造。因此，对专利提案而言，如果侵权证据获取十分困难，就需要权衡该提案是作为商业秘密保护还是申请专利。

对于产品类方案，可从产品说明书或者通过对产品的反向工程了解其技术实现。对于标准相关的技术方案，可以从标准文本获知技术方案。这些都属于侵权证据相对容易发现的例子。但是，还有一些技术方案，如仿真、测试方法，很难发现侵权并获知其具体实现。因此，为了避免申请专利后技术方案被公开，但却由于侵权证据难以获取，无法追究对方侵权责任的情形发生，专利评审需要对专利提案的侵权证据发现及举证难易程度进行评价，对于无法举证或举证难度较高的专利提案，通常采用商业秘密的方式予以保护。

谋定而后动
——着手自己的申请

🔍 如何从日常工作中找到专利申请的突破口？

想要申请专利，需要先了解常见的发明创造类型。常见的发明创造有开拓性发明、组合发明、选择发明、转用发明、新用途发明和要素变更发明共6种类型。

1. 开拓性发明

开拓性发明指全新的技术解决方案，在技术史上未曾有过先例，它为人类科学技术在某个时期的发展开创了新纪元。例如，1876年贝尔向美国专利商标局提交电话的专利申请，1986年法国电信和法国政府共同申请的使用频分正交技术传输电视信号的专利申请，均属于不同时期通信领域的开拓性发明。生活中也有不少开拓性发明，如电灯、拉链等。

2. 组合发明

组合发明是由某些技术方案有机结合后构成的能够解决新的技术问题的新的技术方案，如果组合的技术方案具有新的技术效果，或者说组合后的技术效果比每个技术特征效果的总和更优越，就构成能够申请专利的组合发明。

1999年11月14日，朗科公司递交了名为"用于数据处理系统的快闪电子式外存储方法及其装置"的发明专利并获得授权（专利号：ZL99117225.6），该专利保护的是采用USB接口与闪存存储介质的移动存储方案。而USB接口在20世纪80年代中期已经商用，而闪存技术也在20世纪80年代初就广泛应用于手机、计算器等各种通讯及信息处理设备，但这两种均已公知的技术的组合，却形成了U盘这样的新方案，产生了新的技术效果，这件典型的组合发明专利同这一系列的其他专利一起为朗科日后在U盘领域的专利维权奠定了坚实的基础。

3. 选择发明

选择发明指从现有技术中公开的较大范围中，有目的地选出现有技术中未提到的小范围或个体的发明，例如，从某一频率范围内选取更小频率范围或指定频率的发明。

4. 转用发明

转用发明是指将某一技术领域的现有技术转用到其他技术领域中的发明。如果这种转用能够产生预料不到的技术效果，或者克服了原技术领域中未曾遇到的困难，则可以进行专利申请，例如，在手机上实现如即时通信工具QQ、MSN的状态显示功能的发明，在主叫用户打电话的同时，能够及时了解到被叫用户的状态。

5. 新用途发明

新用途发明指将公知产品或方法用于新的目的的发明。如果产品的新用途，能够产生预料不到的技术效果，则可以进行专利申请，例如，一种利用高速红外线通讯进行多车道控制的电子收费车道系统，即是将公知的红外线通信技术用于车辆电子收费这一新目的的新发明。

6. 要素变更发明

如果发明的构成要素，比如尺寸、比例、位置及作用关系等，与现有技术不同，则发明可称为要素变更的发明。要素变更包括要素关系改变、要素替代以及要素省略。例如，在手机天线均为在手机上端并向上伸出时，为了降低手机对人脑的辐射，提出将手机天线的位置改为手机机壳下部并向下伸出的发明即为一种典型的要素变更发明。

了解了常见的发明类型，我们发现，在日常研发活动中，可以通过从不同发明类型角度来审视日常工作或项目中的不同技术方案，进而考虑专利申请。电力行业的性质决定了我们的工作中较难出现开拓性发明，但组合发明、转用发明却常常出现。很多时候，我们可能借鉴了其他领域的不同技术，对其进行组合后形成了新的技术方案，这些新组合形成的方案均可以考虑专利申请。一方面，可以考虑组合后的新方案进行申请；另一方面，如果在借鉴这些不同技术时，对其进行了适应性的修改，也可以单独对这些组成部分进行专利申请。但需要注意的是，组合发明不能仅仅是已知技术的简单叠加，应当在组合后，各技术之间会在功能上相互支持，取得了新的技术效果，且存在一定的组合难度。

此外，新项目立项时的技术构思、电网维护或优化中解决技术问题的新方案、智能用电的新方式等都是可以考虑专利申请的方向。

🔍 如何因地制宜地从研发项目中找到好的专利点？

趣专利·聊一聊

通常，电力企业每年都设立一些研发项目，其创新成果是专利产出的重要来源。从项目创新点出发的挖掘方法是研发人员应当重点掌握的专利创造手段。不少研发人员在将项目成果进行专利申请时，常把整个项目成果，如一套系统的全部功能模块作为一件专利申请，这样的专利很容易被竞争对手通过改变或删除个别功能模块而轻易绕过，无法对项目成果进行有效保护。从项目创新点出发的专利挖掘工作的核心即为"化整为零"。

例如，在智能电表开发项目中，具体专利挖掘步骤如下：

（1）分析该项目的子任务包括采集测量单元开发、数据处理单元开发、通信接口开发等。

（2）分析各子任务的技术创新点，如测量单元开发中针对实时用电、阶梯电价的采集测量技术是一个关键的技术创新点。

（3）界定技术问题，提出技术方案，并进行专利可行性评价。例如，实行阶梯电价后，用户希望实时了解电量消费情况，但现有技术中用户无法实时查看每小时、每天或每周的用电量，查看手段也不方便。为解决上述问题，项目组提出了实时获取智能电表计量的用电量并在客户端显示的方案，进一步还可提供个性化的历史数据供用户查询。该方案属于项目主要创新点且具有很好的市场前景。

上述专利提案仅希望保护项目中用户实时查看用电量的技术方案，属于项目整体专利产出中价值较高的专利提案之一。对于项目中的其他任务，可以按照上述方法逐个开展专利挖掘，形成保护项目创新成果的专利组合。

应注意的是，专利挖掘需融入项目全过程，而不是在项目结束后再开展。专利挖掘工作应与项目研发工作联动进行，每完成一个项目的子任务，就可组织针对性的专利挖掘。挖掘出的专利提案需落实到具体发明人，并确定完成技术构思文件或交底书的时间，如表2-1所示。

对于重大技术创新方向，还可采用围绕重点技术领域的专利挖掘方法。这种方法首先需要进行全面的技术分解，建立结构化的专利技术体系。在专利技术体系构建过程中，涉及硬件的技术点一般从硬件的组成结构、功能上进行技术分解。涉及软件的技术点一般从软件的功能、应用角度进行技术分解。如果同时涉及硬件和软件，且硬件和软件的功能点基本对应，可以考虑按照功能将硬件、软件分在同一技术点之下。

表2-1　　　　　　　　　　　　　项目专利挖掘跟踪表

项目子任务	专利提案点	提案要点	提案重要度	负责人	交底书完成时间
采集测量单元开发	实时用点、阶梯电价的采集测量	获取智能电表计量的用电量并在客户端界面实时显示	√√√√	李某	挖掘会结束后10天
	防误抄表	…	√√	王某	挖掘会结束后10天
数据处理单元开发	…	…	√√√	张某	挖掘会结束后5天

在围绕重点领域的专利挖掘中，根据专利技术体系，一方面可以结合企业自身的研发方向和研发重点进行挖掘，另一方面也可以根据竞争对手可能采用的技术进行分析部署。总体上，通过针对重点领域的系统挖掘，企业能够对重要技术方向形成立体的专利保护。

需要注意的是，在专利挖掘方法的运用中，均需考虑对专利提案的扩展。例如，如果是方法发明，可以关注实现该方法的装置或采用该方法的系统；如果是产品发明，除了产品本身外，还可以保护制造该产品的方法、关键部件、所涉及的系统等多个发明点。如果这些发明点属于一个总的发明构思，就可以作为一件专利申请提出；如果不满足单一性要求，可以申请多件专利进行保护。

专利申请的类型、时机和地域也有讲究吗？

通过专利挖掘确定了专利点以后，就需要考虑专利申请的类型。前面已经介绍过发明和实用新型的区别，对于需要保护方法的技术方案，只能申请发明专利。对于只需对有形产品进行保护，且产品的技术更替周期快，建议考虑申请实用新型专利。对于需要快速获权，且技术生命周期超过10年的技术，可以考虑同时申请发明和实用新型，通过实用新型快速获取，在发明专利可以获得授权的时候，再行放弃实用新型专利，达到延长保护时间的目的。

申请时间的确定也是申请专利时要考虑的关键问题，针对不同的竞争态势和竞争对手，在不同时间提出的专利申请有不同的竞争价值。一般而言，有三种专利申请时间策略，即提前申请、适时申请和延迟申请。

除美国等少数国家采取先发明原则外，各国专利制度都采取先申请原则，即专利授予第一个提出专利申请的人，而不是第一个发明该技术的人。专利法规定，两个以上的申请人分别就同样的发明创造申请专利的，专利权授予最先申请的人。因此只要技术已具备基本轮廓，大致符合专利的新颖性、创造性和实用性三要件，即可不顾虑技术成熟度，提出申请，以便及早获得专利权，避免他人抢先申请。

如果产品的上市需要专利保驾护航，采用适时申请比较合适。一般而言，技术验证后、产品上市前的这段时间提出专利申请，都可算适当的申请时机。

表2-2中是苹果公司的几件经典产品的上市时间和对应的外观设计的申请时间。很明显，苹果公司的外观设计专利均是在产品上市前进行的申请。

表2-2　　　　　　　　苹果公司产品上市时间与专利申请日对比表

型号	产品	上市时间	外观设计	申请日
iphone 4		2010年6月8日		2010年6月5日
ipod		2001年10月23日		2001年10月22日
ipad		2010年1月27日		2010年1月26日

我们也可以利用延迟申请来获取竞争优势，一般是基于以下因素的考虑。首先是技术秘密措施完善，竞争对手在近期研发出该技术的可能性不大，所以不急于申请专利，以免过早公开技术；其次是因为该技术的市场前景不明朗，或者消费者难以接受新的技术或产品，而且没有其他人申请的迹象；再有就是所申请保护的技术不成熟或配套技术不完善，仍有许多问题未解决。

对于申请的地域，如果仅在中国生产和销售，主要考虑在中国申请。如果专利产品可能销往国外或主要竞争对手在国外有竞品制造或销售，就可以考虑在海外市场以及竞争对手的所在地、竞争对手的产品制造地或销售地进行海外专利布局。

如何与专利工程师一起愉快地完成专利挖掘工作?

趣专利·聊一聊

对于配备了专利工程师的企业，专利挖掘通常由研发人员和专利工程师配合完成。研发人员对技术背景和研发内容都非常了解，对技术的敏感性很高；而专利工程师熟悉专利挖掘的方法和工具，可以协助研发人员挖掘能够和需要申请专利的技术方案，并从专利的角度进行扩展，制定申请策略。

专利挖掘前，研发人员应尽量提供完整的项目技术文档给专利工程师，如项目立项报告、可研报告、设计文档、研发记录等，便于专利工程师快速、深入了解项目技术背景和研发内容。

专利挖掘过程中，应与专利工程师共同进行技术分解，确定重要技术点以及挖掘计划。在针对各个技术点进行专利挖掘时，研发人员应与专利工程师积极进行头脑风暴。确定提案点后，研发人员应按照相关模板完成每件提案的技术交底书和检索报告的撰写。

此外，专利挖掘中还应配合专利工程师开展专利检索，了解别人已经在哪些相关技术上进行了专利申请，做到知己知彼，有的放矢。

第三节

典型案例

在一个凝聚了技术人员智慧的方案产生之前和之后，围绕这件专利申请的各种考虑就一直在进行着。本节将以一个具体的技术项目为例，对专利方案产生之前和之后的具体谋划过程进行介绍。

技术人员参与研发一款新型的锂电池。在项目开始阶段，技术人员和专利人员一起，对项目进行了技术上的梳理，得到锂电池关键技术体系如图2-1所示。

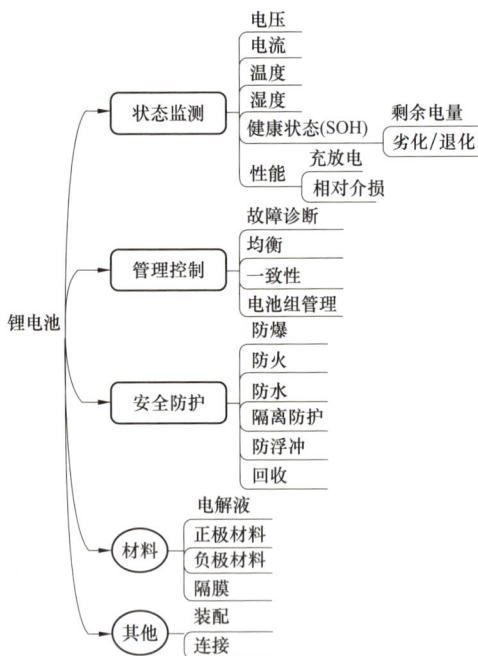

图2-1 锂电池技术分解图

经分析，认为研发的这款锂电池在状态监测和安全防护上都有新的改进，因此，专利人员建议在研发过程中，重点关注这两个技术上的改进，一旦有新的方案出现，尽早申请专利。

在研发过程中，项目组发现，在锂电池长时间使用过程中，锂电池中的各种元件老化时，在发生剧烈振动的情况下锂电池极易发生短路，从而导致电池内部气压陡然升高，甚至会发生爆炸。现有技术中的防爆装置通常置于锂电池的顶端或底端，然而由于电池长期使用情况下，电池内部反应不充分，导致电池芯产生硬度不一的结块，在发生爆炸时，并非所有冲力都能通过防爆装置缓解，产生安全隐患。

针对这一问题，项目组提出了两种解决方案。

📢 解决方案一

如图2-2所示将电池芯2通过防爆层21安装在外壳1内，并通过支架211安装在防爆防护网11内，导电端口31将正极集流导体3传出电池芯2内的电量集中，通过导电端口31与安装设备电性连接，在防爆层21对电池芯2的运行使用，无法避免电池芯2爆炸时，通过防爆防护网11对电池芯2及防爆层21再次防护，避免电池芯2爆炸产生的碎屑炸开外壳1，泄压通管32内的气压过大时，泄压阀322打开，使电池芯2内的气压得到排泄，在泄压通管32内气压正常时，泄压阀322闭合，以保持电池芯2内正常气压。

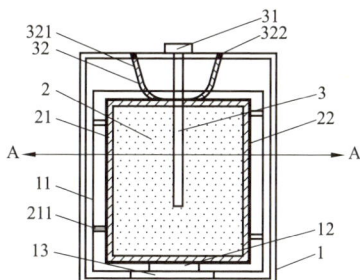

图2-2 解决方案一示意图

1—外壳；11—防爆防护网；12—垫板；13—垫块；2—电池芯；21—防爆层；211—支架；22—绝缘层；

3—正极集流导体；31—导电端口；32—泄压通管；321—螺旋槽；322—泄压阀；A—剖视线

📢 解决方案二

如图2-3所示，锂电池防爆外壳包括有外壳主体1，外壳主体1上部设有向内凹进的束腰环2，外壳主体1顶部边缘处向内折边形成限位边3，限位边3与束腰环2之间固定有防爆组件，防爆组件包括有电极板4，电极板4呈方形或圆形，其板面上设有若干个上下贯穿的泄压孔，电极板4底部与束腰环2内侧壁顶部抵触，电极板4顶部设有防爆弹片5，防爆弹片5的形状与外壳主体1的内腔形状相配合，防爆弹片5中心处下凹形成压力槽，压力槽底部与电极板4顶部中心处相抵触，防爆弹片5底部边缘与电极板4顶部边缘之间通过密封圈6密封，防爆弹片5顶部设有盖板8，盖板8顶部边缘处通过限位边3扣合固定，压力槽顶部设有冲击柱7，冲击柱7由防爆弹片5一体延伸形成凸起，该凸起截面呈上小下大的梯形，盖板8底部设有与冲击柱7相配合的泄压槽9，盖板8顶部设有与泄压槽9相配合的压印，压印呈下凹的环形槽。

在电极板4上设有电极柱，电极柱向上穿过防爆弹片和盖板与外界连接，当电池内的压力过大时，向上挤压电极板4，电极板变形向上挤压防爆弹片5，防爆弹片5向上变形使冲击柱7顶上泄压槽9处的盖板8，在盖板的n形泄压槽及环形槽的配合下，泄压槽部位较薄，会在冲击柱的压力下破裂，从而使电池泄压，达到防爆的目的。

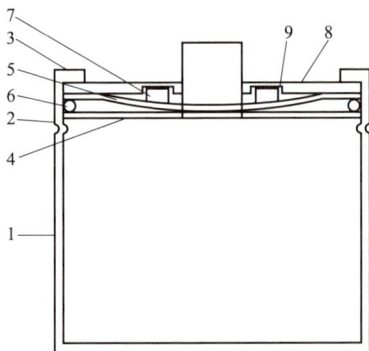

图2-3 解决方案二示意图

1—外壳主体；2—束腰环；3—限位边；4—电极板；5—防爆弹片；6—密封圈；7—冲击柱；8—盖板；9—泄压槽

在这两种方案中，结合成本和实际应用场景综合考虑后，项目组采用了解决方案二实施。

这两种方案都是可以申请专利的，但由于这两个方案之间的差异较大，因此不能放在同一件专利中，需要分别申请。进一步考虑到上述两个方案均为形状和结构的改进，因此在专利类型上，既可以申请实用新型，也可以申请发明。如果为了尽快拿到专利权，可以申请实用新型专利。对于解决方案一，还需要尽快申请；而对于解决方案二，需要考虑产品的上市时间，如果上市时间较快，也可以尽快申请，而如果上市时间还早，如一年以上，则可以考虑在产品上市前再申请。

在研发过程中，项目组进一步发现，现有技术中，一般的锂电池的保护大多采用固定接入的方法，即不论电池处在什么状态（充电、待用、使用），保护电路都在工作。虽然保护电路消耗电能小，但如果电池较长时间处于待用状态，电能消耗对电池的损伤不可忽视。

针对这一问题，项目组希望有一种方案，使得保护电路只在电池充电及使用时才工作，在电池待用期间不参与工作，不供给监测电路电流，不产生电能消耗。

基于上述思路，项目组发明了一种充电保护电路，包括第一光电耦合元件、第二光电耦合元件和用于检测锂电池电压的过电压检测电路，如图2-4所示。第一光电耦合元件的输出端通过过电压检测电路连接第二光电耦合元件的输入端后并联在锂电池的两端，充电电压使第一光电耦合元件开通，第二光电耦合元件的输出端用于驱动关断充电电流。负载保护电路包括第三光电耦合元件、第四光电耦合元件和用于检测锂电池电压的欠电压检测电路。第三光电耦合元件的输出端通过欠电压检测电路连接第四光电耦合元件的输入端后并联在锂电池的两端，负载上的电压使第三光电耦合元件开通，第四光电耦合元件的输出端用于驱动关断负载电流。

这种充电保护电路的工作原理为当锂电池充电时跟随充电电压，投入过电压检测电路，锂电池使用时跟随负载电压投入欠电压检测电路。具体而言，锂电池充电时，电源电压使第一光电耦合元件导通，开通过电压检测电路，当锂电池充电电压大到设定值时，电路中的电流驱动第二光电耦合元件导通联动电路断开充电电源。当锂电池使用时，负载上的电压使第三光电耦合元件导通，开通欠电压检测电路，当锂电池电压降低到设定值时，电路中的电流减小到不能维持第四光电耦合元件导通联动电路提供报警或关断负载电流。

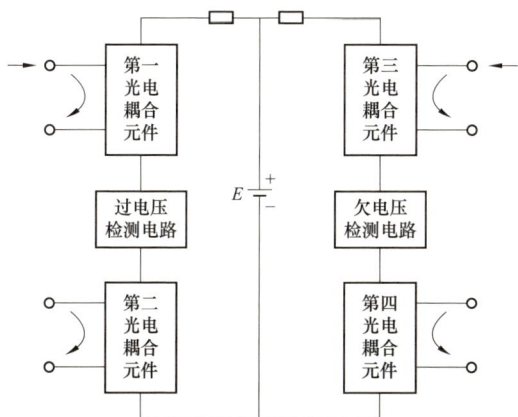

图2-4 充电保护电路连接图

可以看出，该方案里提供了一种充电保护电路，以及通过该充电保护电路实现的锂电池的电压保护方法。充电保护电路可以申请实用新型，也可以申请发明，而通过该充电保护电路实现的锂电池的电压保护方法不属于实用新型的保护对象，只能申请发明专利。

对于充电保护电路和基于该电路的电压保护方法，首先可以判断出二者是基于同一核心思想下的发明创造，因此可以选择的策略有以下四种：

（1）将充电保护电路申请实用新型，将基于该电路的电压保护方法申请发明。

（2）将充电保护电路和电压保护方法各自申请发明。

（3）将充电保护电路和电压保护方法申请发明，并放在同一件专利申请中。

（4）将充电保护电路单独申请实用新型，并再将充电保护电路和电压保护方法放在同一件专利申请中申请发明。

与专利人员讨论分析后，综合考虑保护期限、申请费用、产品上市的时间等因素，决定将采用第（4）种申请方式对方案进行保护。为了在上市后尽快拿到授权，应尽早申请。

考虑到这款锂电池将来主要会应用到一款新能源汽车中，而该款新能源汽车的主要市场是中国，并将出口至美国、欧洲和日本。因此，建议在这几个国家同时申请专利。

但是，由于在海外进行专利申请的费用较高，并且本方案涉及的电路和电压保护方法应用于电池内部，即使被侵权了也不如前面的防爆外壳容易发现，因此，也可以考虑先在中国进行申请，后续结合产品出口情况再到美国、欧洲和日本申请。

至此，在锂电池项目中，挖掘产出了四个专利申请，并制定了各自的申请策略，如表2-3所示。

表2-3 专利申请策略表

方案	类型	时机	国家/地区
锂电池防爆外壳1	实用新型	尽快申请	中国、美国、欧洲、日本
锂电池防爆外壳2	实用新型	上市前申请	中国、美国、欧洲、日本
充电保护电路	实用新型	尽快申请	中国
充电保护电路及基于电路的电压保护方法	发明	尽快申请	中国

实用贴士

　　→ 并非只有重大的、开拓性的创新才能申请专利，日常工作中组合不同现有技术形成的解决新技术问题的组合发明也可以申请专利。

　　→ 专利申请应从小处着眼，将项目成果"化整为零"，既能增加专利数量，还能提高质量。

　　→ 专利谋划的重要工具是技术分解，既可以从问题进行关键影响要素的分解，也可以从项目涉及的技术、系统的功能模块进行分解。专利挖掘中，应当考虑项目成果可能的多种应用、上下游相关的技术、与其他技术方案的组合、替代方案、可能的改进等。

　　→ 专利申请需要研发人员和专利人员的大力配合，研发人员应在专利人员的引导下，积极提供项目文档和参与头脑风暴。

第三章

专利文献检索篇

——看看我的idea新不新

利用好专利检索，你就可以做到

知己知彼，百战不殆

本章将帮助您利用好这个武器

第一节

知己知彼
——专利检索功不可没

趣专利·猜一猜

🔍 为什么专利申请前的检索如此重要？

专利要获得授权，需要从技术方案上具有一定的创新水平，即需要满足新颖性和创造性的要求。如果在申请专利之前别人已经做出了相同的发明，那么，专利申请很可能会被驳回。为了降低因为缺乏新颖性和创造性而被驳回的可能，在专利申请前应当对自己的发明进行初步检索。

那么通常由谁来完成专利申请前的检索呢？建议由发明人自己来完成。一方面，发明人最了解自己的技术方案，在掌握了基本的检索技巧后，完全有能力进行申请前的自检；另一方面，发明人在检索的过程中，也可以了解同一领域他人的发明创造，对专利申请进行扩展，启迪研发思路。

很多时候，我们认为自己的发明是世上独一无二的，但这往往是美好的一厢情愿。事实上，经过对专利和科技文献的检索，我们常常发现，原来已经有好多人想到跟自己差不多的点子，并且先下手为强了。例如，我们想保护一种手持的可穿戴显示巡视器，将无线摄像头设置于伸缩杆的顶端，无线摄像头控制器装设于伸缩杆的手持端，用于控制无线摄像头旋转；可穿戴显示器通信连接无线摄像头，在巡检人头部或手腕处实时显示无线摄像头拍摄的图像。检索前发明人认为该技术方案具有创新性。通过检索发现了一篇专利文献（申请号：201710693077.5），该专利的核心内容与发明人想要提出保护的方案完全一致。这样的技术方案即使提交专利申请也不能通过官方审查，因为该技术方案与现有技术相比已经没有新颖性。

如果检索到别人的发明跟自己的一样，可以进一步挖掘技术上的区别点，如果方案确实完全相同，建议不再提交申请。对于重要的发明，与他人的发明存在一些区别点，但没有把握是否能满足创造性要求的，可以寻求专利管理人员的帮助。

常用的专利检索网站有哪些?

通常有三种形式可供检索现有技术：期刊论文库、搜索引擎和专利文献库，它们的网址如表3-1所示。

趣专利·猜一猜

表3-1 常用现有技术检索网址

检索入口	名称	网址
期刊论文库检索入口	中国知网	http://www.cnki.net
	维普期刊	http://lib.cqvip.com
搜索引擎检索入口	百度	http://www.baidu.com
	谷歌	http://www.google.com
专利文献检索入口	中国国家知识产权局	http://www.sipo.gov.cn
	欧洲知识产权局	http://worldwide.espacenet.com
	美国知识产权局	http://www.uspto.gov
	日本知识产权局	http://www.jpo.go.jp
	韩国知识产权局	http://eng.kipris.or.kr

其中最常用的专利文献检索入口是欧洲知识产权局网站，可以检索到世界大多数国家的专利文献，包括中国、美国、日本、韩国等。检索时选择世界范围的数据库即可（默认情况下就是世界范围的数据库）。

各个网站的检索界面大同小异，最常用的就是输入关键词进行检索。如果十分了解开展同类研究的单位和发明人，也可以用专利申请人或发明人进行补充检索。

如何利用检索报告写好技术交底书?

很多情况下，按照企业的管理要求，分别撰写了技术交底书和检索报告，或是完成交底书后，由其他人员完成检索报告，在内容上，交底书和检索报告没有建立任何联系。然而，很多情况下，不少发明人将其了解的本企业目前采用的技术作为交底书中现有技术部分进行介绍，事实上，交底书中要求介绍的现有技术，是与本发明最相关的、在国内外已经公开的技术方案。

在撰写交底书的这部分内容时，应依据检索报告的内容，将检索报告中最接近的对比文件的内容写入交底书现有技术部分。即交底书中的现有技术部分应当来自于检索报告，应当将检索报告中检索到的与本发明最接近的对比文件写入交底书的现有技术部分，而不是在此部分中写入企业目前采用的技术方案。

第二节

事半功倍
——申请前的检索让你如虎添翼

🔍 如何尽最大可能检索到相关专利文献？

趣专利·学一学

发明人在进行专利检索时，最常用的检索方式是根据关键词进行检索。

第一步，确定专利申请必然会出现的关键词。主要根据专利申请的核心内容选取关键词，比如核心部件、功能、用途等都方面的关键词都可以作为候选。通常情况下应选择多个关键词，每个关键词一般不超过4个字。

第二步，对于选取的关键词进行逻辑组合。最常用的是逻辑与（and）和逻辑或（or），关键词选取的个数可以从少到多或者从多到少。

第三步，根据检索到的专利文献数量调整关键词。调整的策略包括关键词个数增减、不同关键词之间替换、相同关键词不同表达方式替换等，检索到的专利文献数量太少且不相关或太多且不相关往往都需要调整关键词。调整关键词的策略并不是唯一的，可以根据实际情况灵活选择。

第四步，针对检索结果，可先根据发明名称和摘要内容初步判断是否与专利申请相关，若相关，则应进一步阅读全文进行比较；若不相关，则直接跳过。

另外，专利文献的分类号是检索时可以利用的有效手段。专利文献与图书类似，通过特定的分类方法将同类技术的专利文献聚集在一起，因此，我们可以利用找到的相关专利文献的分类号结合关键词进行检索，往往能提高检索效率。例如，分类号H02B5/00下包括了所有与非封闭式变电站相关的专利，而分类号H02B7/00下包括了所有与封闭式变电站相关的专利。

通常，关键词可能会存在多种表达方式，并且可能与平常采用的技术词汇有所不同，例如"手机 or移动终端 or 通信终端""短信 or 短信息 or 短消息"等等，为了使检索结果更全面，通常需要考虑相同或相近关键词的不同表达方式。

下面通过举例说明具体检索过程：

发明人提出了一种客户经理服务热线实现方法，核心内容是服务平台设置统一的接入号码，数据库中建立客户标识和服务号码之间的对应关系，当客户呼叫接入号码时，查询该客户标识对应的服务号码，转接至该服务号码，客户经理摘机为客户提供服务。该技术方案的优点是客户通过统一的接入号码即可获得客户经理提供的服务。

第一步，确定必然会出现的关键词"呼叫""接入""号码""服务""客户""平台""转接"等。其中，客户的另一种表达方式可以是"用户"，"平台"的另一种表达式可以是"中心"，检索时可能需要考虑替换。也可以考虑选择3个字以上的关键词，如"接入号""接入号码""服务平台""服务热线"等等。

第二步，关键词组合检索。可以选择两个或两个以上关键词组合进行检索，如"呼叫 and 客户""呼叫 and 接入""接入 and 号码 and 服务""呼叫 and 接入 and 号码"等。

第三步，关键词调整。使用"呼叫 and 客户"检索到507篇专利文献，"呼叫 and 接入"检索到1444篇专利文献，专利文献都太多且发现大多不相关，需要调整关键词，可以增加或替换关键词。

使用"接入 and 号码 and 服务 and 呼叫 and 客户 and平台"检索到1篇专利文献，专利文献太少且不相关，需要调整关键词，可以减少或替换关键词。

通常先考虑从少到多增加关键词或者从多到少减少关键词，观察检索到的专利文献数量变化情况，如果检索到的对比文献数量始终不合理，则考虑替换关键词。

第四步，使用"呼叫 and 接入 and 号码 and 服务"检索到103篇专利文献，专利文献数量比较合理，可以逐篇参看名称和摘要内容进行分析，筛选出相关的专利文献。

如果从名称或摘要内容很容易就能判断出不相关，则直接跳过。例如检索结果中的"一种基于号码优先级强拆呼叫的方法和系统""使用增值业务接入码和虚号码实现呼叫的系统和方法"等明显不相关的专利文献，可以直接跳过。

筛选过程中发现如下专利：

名称：一种呼叫处理方法及装置（申请号：200510120890.0）

摘要：本发明适用于通信领域，提供了一种呼叫处理方法及装置，所述方法包括下述步骤：

1.1　设置服务接入号码、与所述服务接入号码对应的接入标识信息以及与所述接入标识信息对应的服务号码；

1.2　接收用户接入所述服务接入号码的呼叫请求；

1.3　提取所述用户的接入标识信息；

1.4　根据所述接入标识信息获取对应的服务号码并将所述呼叫请求接续到所述服务号码。

本发明通过统一的服务接入号码接收客户的呼叫请求，并将呼叫请求接续到客户接入标识信息对应的服务号码，可以避免企业在客户经理更换时给客户造成的业务联系不便，能够提高企业的客户服务质量。

通过分析该专利文献全文，发现发明人提出的一种客户经理服务热线实现方法的核心方案与检索到的专利的核心内容几乎完全一样，因此不能满足创新性的要求。

如果发明人提交专利提案前充分且正确地进行检索，一旦发现与初步方案核心内容实质性相同或十分近似的专利文献影响创新性，就可以及时放弃提交该专利提案，不必再花费精力和时间进行交底书撰写和专利检索报告撰写，发明人可以结合检索结果进一步考虑新的解决方案。

反之，如果检索不充分，虽然花费了不少时间和精力提交专利提案，只要预审时补充检索到影响创新性的专利文献，仍会驳回专利提案，相当于浪费了发明人时间和精力。上述案例中发明人选择的检索关键词组合是"客户经理服务热线"、"客户 and 服务热线"，因此没能检索到相关专利，提交专利提案后预审人员补充检索到上述专利文献，驳回了该专利提案。

当然，专利检索只是尽最大可能检索到相关专利文献，事实上，没有任何人能够检索到所有的相关专利文献，专利检索是否充分是相对的。

🔍 如何快速解读专利文献？

趣专利·聊一聊

我国的专利文献主要包括首页、权利要求书、说明书（含附图）三大部分。

1. 首页（Front Page）

首页主要记载的是专利文献著录项目。

专利文献著录项目包括全部专利信息的特征，有表示法律信息的特征，如专利申请人（或专利权人）、申请日期、申请公开日期、审查公告日期、批准专利的授权日期等；有表示专利技术信息的特征，如发明创造的名称、发明技术内容的摘要以及具有代表性的附图或化学公式等，有享有优先权的摘要以及具有代表性的附图或化学公式等。对享有优先权的申请，还有优先权的申请日、申请号及申请国等内容。

检索到相关专利文献时，可先根据首页的标题和摘要初步判断其所涉及的技术是否与本方案相关，若不相关，则无须进一步阅读专利文献全文；若相关，则应进一步阅读该专利文献的全文。

通常我们看到的专利文献首页部分截图如图3–1所示。

(19)中华人民共和国国家知识产权局

(12)发明专利

(10)授权公告号 CN 104344993 B
(45)授权公告日 2017.02.22

(21)申请号 201310311743.6
(22)申请日 2013.07.23
(65)同一申请的已公布的文献号
申请公布号 CN 104344993 A
(43)申请公布日 2015.02.11
(73)专利权人 国家电网公司
地址 100031 北京市西城区西长安街86号
专利权人 中国电力科学研究院
江苏省电力公司
(72)发明人 王旭明 杨靖波 邢海军
(74)专利代理机构 北京安博达知识产权代理有限公司 11271
代理人 徐国文
(51)Int.Cl.
G01N 3/08(2006.01)

(56)对比文件
CN 201555769 U,2010.08.18;
CN 101793647 A,2010.08.04;
CN 201555769 U,2010.08.18;
CN 103793554 A,2014.05.14;
CN 202383021 U,2012.08.15。
王志远.反复载荷作用下铸钢节点受力性能的有限元分析与试验研究.《中国优秀硕士学位论文全文数据库 工程科技II辑》.2007,33-37.
审查员 何孟珂

权利要求书2页 说明书4页 附图2页

(54)发明名称
一种构件承载力和材料性能参数的试验测量方法

图3–1 专利文献首页部分截图

2. 权利要求书

权利要求书记载了申请人要求保护的范围，它用词严谨，是知识产权局审查时确定授予专利权的主要依据，也是重要的法律性情报，即判定是否具有专利性和确定专利权保护范围的法律依据。

鉴于权利要求的专业性较强，发明人阅读起来比较晦涩，同时考虑到权利要求记载的技术方案与说明书表达的技术方案实质上是相同的，因此在专利申请前的检索时一般不要求阅读权利要求。

通常我们看到的专利文献权利要求书起始页部分截图如图3–2所示。

3. 说明书（含附图）

说明书通常包括发明名称、技术领域、背景技术、发明内容、附图说明和具体实施方式几个部分，详细的技术方案主要在具体实施方式部分进行描述。

对于发明人认为与我们的方案相关的专利文献，建议对具体实施方式部分进行重点阅读。

通常我们看到的专利文献说明书起始页部分截图如图3–3所示。

CN 103778330 B　　　　　**权 利 要 求 书**　　　　　1/2 页

1.一种复合材料杆件轴压稳定系数的确定方法,其特征在于:所述方法包括以下步骤:

a.确定复合材料杆件的长细比;

b.确定复合材料杆件的正则化长细比;

c.确定复合材料杆件的强度折减系数;

d.确定复合材料杆件轴压稳定系数;

所述步骤a中的长细比λ通过式(1)确定:

$$\lambda = \frac{\mu l}{i} \tag{1}$$

式中,μ为杆件的长度因素值,l为杆件的长度,i为杆件的截面惯性矩;

所述步骤b中的正则化长细比$\bar{\lambda}$通过式(2)确定:

$$\bar{\lambda} = \sqrt{f_y / \sigma_a} = \frac{\lambda}{\pi}\sqrt{\frac{f_y}{E}} \tag{2}$$

式中,f_y和σ_{cr}分别为复合材料的抗拉强度和欧拉临界应力,λ为复合材料杆件的长细比,E为材料的弹性模量。

所述步骤c中的折减系数m_N通过各长细比条件下杆件的极限承载力$F_{cr实验值}$与杆件的边缘屈服准则理论值$F_{cr公式值}$的比值,取$F_{cr实验值}/F_{cr公式值}$最小者确定为m_N;

所述步骤d中的复合材料杆件轴压稳定系数φ_{cr}通过式(5)确定:

$$\varphi_{cr} = \begin{cases} m_N \bullet \left[[1+(1+\varepsilon_0)/\bar{\lambda}^2]/2 - \sqrt{[1+(1+\varepsilon_0)/\bar{\lambda}^2]/4 - 1/\bar{\lambda}^2} \right] & \lambda \leqslant \lambda_p \\ [1+(1+\varepsilon_0)/\bar{\lambda}^2]/2 - \sqrt{[1+(1+\varepsilon_0)/\bar{\lambda}^2]/4 - 1/\bar{\lambda}^2} & \lambda > \lambda_p \end{cases} \tag{5}$$

图3-2　专利权利要求书起始页部分截图

CN 103778330 B　　　　　**说 明 书**　　　　　1/4 页

一种复合材料杆件轴压稳定系数的确定方法

技术领域:

[0001]　　本发明涉及一种杆件轴压稳定系数的确定方法,更具体涉及一种复合材料杆件轴压稳定系数的确定方法。

背景技术:

[0002]　　随着城市建设的高速发展,土地资源越来越稀缺,人民群众的环保观念也不断增强。目前,输电线路在政策处理、拆迁安置、节约走廊等方面的处理变得十分困难,这也正是2009年开始国家电网公司开展复合材料杆塔研究的主要出发点之一。

[0003]　　在杆塔结构设计与计算中,杆件轴压稳定系数是确定杆塔承载力的参数中不可或缺的一部分,例如《钢结构设计规范》提供了各长细比条件下杆塔的轴压稳定系数,该规范将轴压稳定系数和λ描述成四类柱曲线的关系,即a、b、c和d四条柱曲线各代表一类截面柱的轴压稳定系数与长细比的计算关系,四条柱曲线分别对应四类截面。但并无复合材料杆件轴压稳定系数计算的相关规范。

[0004]　　我国《冷弯薄壁型钢结构技术规范》利用边缘屈服准则来计算冷弯薄壁型钢的轴压稳定系数,边缘屈服准以有初偏心和初弯曲等的压杆为计算模型,截面边缘应力达到屈服点即视为承载力的极限。但当长细比较小时,构件接近强度破坏,此时边缘屈服准则得到的杆件承载力相对于实验值偏大,表明边缘屈服准则对长细比较小的杆件并不适用。

[0005]　　该发明在边缘屈服准则的基础上,以复合材料构件轴压稳定实验数据为依据,提出了适合复合材料轴压稳定系数计算的确定方法。

图3-3　专利文献说明书起始页部分截图

怎样根据检索结果撰写一份体面的专利检索报告？

趣专利·猜一猜

如果经过检索并没有发现影响新颖性和创造性的文献，则需要撰写专利申请检索报告。检索报告模板各个部分的具体撰写内容和注意事项说明如下：

（1）发明名称。与专利申请的发明名称相同，以本领域通用的技术术语写明专利提案的名称。

（2）使用的中文与外文检索关键词。列举检索过程中用到的主要关键词组合，让预审人员了解发明人检索的初步情况。

（3）相关文献。列举检索到的与本专利提案最相关的专利或科技文献的基本信息，若为专利文献，基本信息包括名称、申请日、申请号、公开号、申请人、摘要等，列举的专利文献通常应在5篇以下。

（4）分析评述。先简要说明本专利申请的核心内容，以采取的技术手段为主，然后逐篇概括检索到的文献的核心内容，并分别与本专利提案的核心内容进行比较，确定两者之间在技术手段上存在的主要区别，可适当结合技术上的优点进行说明。

（5）检索结论。一般情况下是初步认为本专利申请具有新颖性和创造性。

如果检索到与本方案相似的文献，发明人经过分析比较之后，认为如果检索到的文献与本专利提案确实完全相同，建议不再进行申请。

如果发明人通过对相关文献的研究分析，发现本方案与检索到的文献中的内容相比有一定的区别，就可以围绕这个区别进行重点阐述，并提出申请。

对于发明人认为比较重要的专利提案，即使检索到非常类似的对比文献，也可以先提交技术交底书，后续请专利工程师从专利角度进行进一步的分析或扩展。

第三节

典型案例

通过本章前两节的学习，我们对专利检索有了一定的了解。本节将以一个具体产品作为示例，对专利检索的过程进行介绍。

作为一名佩戴眼镜的人，眼镜是必需之物，但随着空气质量越来越差，出门时不得不佩戴口罩。但在戴口罩的时候，呼出的气体容易从鼻梁处溢出使眼镜起雾，非常不方便。

为了解决这个问题，发明人设计了一种防起雾的口罩。防雾口罩上部内侧有一个可拆卸的部位，在这个部位中可以填充吸水海绵，吸水海绵可以在一定程度上吸收呼气中的水雾，防止水雾上溢使眼镜起雾。进一步地，口罩还需要有一个过滤装置和呼气阀，过滤装置用来对吸入的空气进行过滤，呼气阀为单相导通阀，用来出气。再经过完善，我们发明的口罩就诞生了，其设计图如图3-4所示。

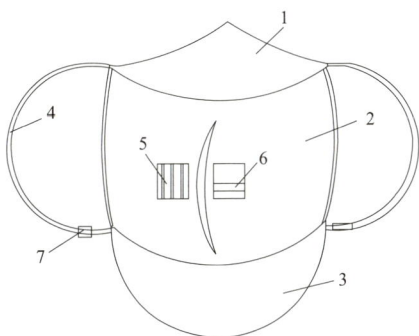

图3-4 防起雾口罩设计图

1—口罩上部；2—口罩中部；3—口罩下部；4—挂耳部；5—过滤装置；6—呼吸阀；7—伸缩卡扣

发明人具有良好的专利意识，想要对这个发明申请专利进行保护，但是不确定是否已经有人有过相同的想法，于是决定先进行专利检索。

第一步，登录中国国家知识产权局网站（http：//www.sipo.gov.cn），如图3-5所示，点击右边的"政务服务平台"。

图3-5　中国国家知识产权局网站

第二步，此时进入专利检索服务平台，如图3-6所示，点击左边"专利检索查询"。

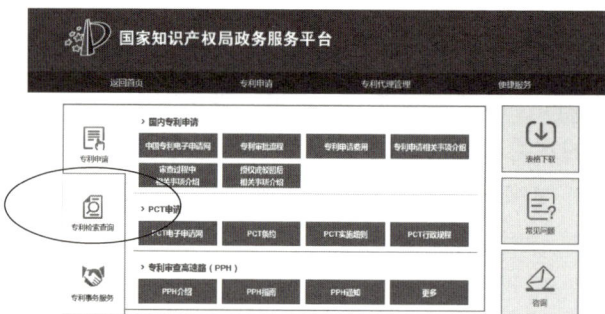

图3-6　中国国家知识产权局政务服务平台

第三步，此时界面提供了专利检索查询的几个服务选项，如图3-7所示，点击"专利检索"。

图3-7　中国国家知识产权局专利检索查询

第四步，进入了中国专利检索及分析网站，如图3-8所示。在这个页面上，提供了多种检索方式，对于技术人员来说，最好用的就是"常规检索"。

图3-8　中国国家知识产权局专利检索及分析网站

第五步，进入常规检索页面。常规检索页面非常简洁，如同常用的搜索引擎一样，只需要在检索框中填写想要检索对象的关键词就可以了。

想要找防眼镜起雾的口罩，因此输入"防雾""眼镜"和"口罩"，输入后，将鼠标放在输入框左侧的下拉图标上，可以选择全球各国或地区的专利数据范围，如图3-9所示。以中国数据库为例进行示例。

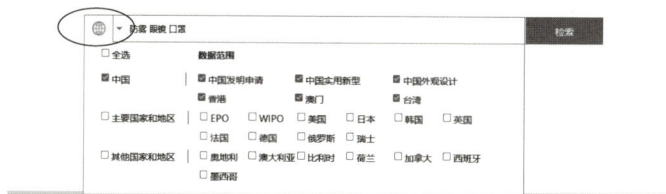

图3-9　中国国家知识产权局专利检索入口——数据范围

选择数据库范围后，再将鼠标放在输入框左侧的下拉图标上，可以显示检索位置，如图3-10所示。为了简便，采用默认选项"自动识别"。

点击"检索"。

图3-10　中国国家知识产权局专利检索入口——检索位置

第六步，显示检索到的专利信息，包括申请号、申请日、发明名称、申请人等。

如果对其中的某一件专利，例如，对申请号为"CN201420806827"、发明名称为"一种防雾口罩"的专利感兴趣，想要继续阅读更详细的内容，可以点击该件专利对应的操作中的"详览"图标，如图3-11所示。

	申请号	申请日	公开(公告)号	公开(公告)日	发明名称	申请(专利权)人	操作
	CN201520068308	2015.01.30	CN204499550U	2015.07.29	一种防雾化医用口罩	刘传杰;	
	CN201420806827	2014.12.17	CN204444333U	2015.07.08	一种防雾口罩	曾博真;	
	CN201420783544	2014.12.11	CN204292257U	2015.04.29	一种防雾口罩	杜蒙;	
	CN201410556704	2014.10.20	CN104305594A	2015.01.28	呼吸气分离式防雾汽口	徐自升;	
	CN201410499979	2014.09.25	CN104305592A	2015.01.28	全贴合防尘、防雾口罩	陆巍;	
	CN201420557125	2014.09.25	CN204169114U	2015.02.25	全贴合防尘、防雾口罩	陆巍;	
	CN201410480242	2014.09.19	CN104323513A	2015.02.04	石墨烯形3D打印式智…	简凌云;熊英;赵静;赵…	

图3-11 中国国家知识产权局专利检索列表

第七步，显示专利"CN201420806827"的全文以及相关的法律状态信息，默认页面是该专利的"著录项目"页面，在该页面上可以看到摘要和摘要附图，如图3-12所示。

通过阅读摘要和摘要附图，我们希望阅读这件专利更详细的内容，可以点击"全文文本"或"全文图像"阅读该专利的说明书、权利要求书等内容，如图3-13所示。

同一件专利的"全文文本"和"全文图像"中的内容是一致的，只是格式上有所不同，全文文本是可拷贝的文本，而全文图像是该专利在公开或授权时公告的PDF文档。

通过上面的七个步骤，就可以检索和阅读大量与我们的防雾口罩相关的专利了。

经过大量的阅读，发现了一篇申请号为"CN201620355160.2"的专利和一篇申请号为"CN201420690870.1"的专利与我们的发明比较接近，其专利附图如图3-14和图3-15所示。

著录项目	全文文本	全文图像

法律状态 详细>>
- 20150429
  授权
- 20170201
  专利权的终止

CN204292257U[中文]　　CN204292257U[英文]

发明名称 --- 一种防雾口罩

申请号	CN201420783544.5
申请日	2014.12.11
公开（公告）号	CN204292257U
公开（公告）日	2015.04.29
IPC分类号	A41D13/11
申请（专利权）人	杜蒙;
发明人	杜蒙;
优先权号	
优先权日	
申请人地址	湖北省武汉市江岸区长湖地三村70号4楼2号;
申请人邮编	430000;
CPC分类号	

引证

无引证文献数据

同族 详细>>

CN204292257U

摘要

🔲 翻译

本实用新型涉及卫生用品技术领域，它公开了防雾口罩，包括口罩主体以及与所述口罩主体两侧连接的绑带，所述口罩主体上端与人体鼻梁相对应处设有与人体鼻梁相适配的凸起部，所述凸起部上端内部设有记忆性材料，所述凸起部上设有与人体鼻孔相适配的开口，所述开口处设有过滤网。本实用新型既能起到冬天眼镜片上不起雾的作用，克服了冬天在室外戴眼镜不方便及不安全的问题；又能预防通过呼吸器官带来的细菌的感

摘要附图

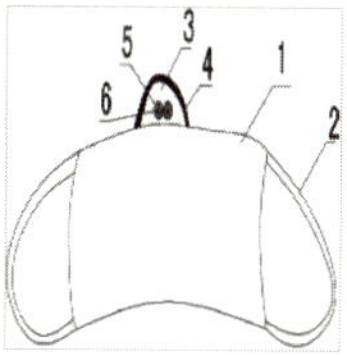

图3-12　中国国家知识产权局专利检索全文页面

著录项目	全文文本	全文图像

CN204292257U[中文]

法律状态 详细>>
- 20150429
  授权
- 20170201
  专利权的终止

引证

无引证文献数据

同族 详细>>

CN204292257U

权利要求书

1.一种防雾口罩，包括口罩主体(1)以及与所述口罩主体(1)两侧连接的绑带 (2)，其特征在于，所述口罩主体(1)上端与人体鼻梁相对应处设有与人体鼻梁相 适配的凸起部(3)，所述凸起部(3)上端内部设有记忆性材料(4)，所述凸起部(3) 上设有与人体鼻孔相适配的两个开口(5)，所述开口(5)处设有过滤网(6)。

2.根据权利要求1所述的防雾口罩，其特征在于，所述口罩主体(1)由含过滤材料的过滤层制成。

说明书

一种防雾口罩

技术领域

本实用新型涉及卫生用品技术领域，尤其涉及到一种防雾口罩。

背景技术

通常口罩是为了预防通过呼吸器官带来的细菌的感染，以及在粉尘很多的工作场所防 止有害粉尘通过呼吸器官被吸入到人体。现在的很多口罩在在呼、吐气之间，会在眼睛部位，尤其是佩戴眼镜的镜片上，蒙上一层雾气，更是严重影响视力，造成佩戴不适，并有 可能引起安全事故，例如行车时佩戴这种口罩会导致视物不清。现有的防雾口罩中，多采用在口罩部分加装活动盖的办法，但是，这种活动盖在吸气时，常常不能及时回盖住开口，不能有效的起到过滤作用。

中国专利201320278019.3公开了一种防雾口罩，包括：口罩主体和系带，口罩主体 由含过滤材料的过滤层制成，口罩主体具有突出部，突出部具有开口、活动盖和透气罩，过滤层用于净化使用者吸入的空气，突出部的形状为拱形以适应面部的突出，活动盖与开口的上部连接，透气罩盖住活动盖，活动盖能完全盖住开口，活动盖和开口的重叠部 分设有互相吸引的材料。该实用新型的口罩，佩戴随时适时能有效过滤，可以使呼出的气 体有效排出，同时吸入的气体能得到有效的过滤。但是该实用新型防雾口罩佩戴后，上端与鼻子接触地方有缝隙，呼出的气仍然会在眼镜上形成水雾，有待改进。

图3-13　中国国家知识产权局专利检索全文文本

图3-14　CN201620355160.2专利附图

1—外侧罩体；2—防臭剂；3—干燥剂；4—口罩芯；5—按扣；

6—挂耳绳；7—单向呼气阀；8—内侧罩体；9—反光条

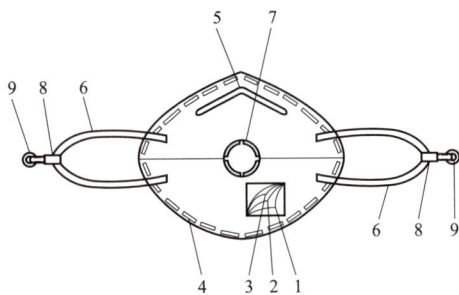

图3-15　CN201420690870.1专利附图

1—外层；2—中间过滤层；3—内层；4—焊压线；5—鼻

梁夹；6—耳带；7—呼气阀；8—调节扣A；9—调节扣B

经过对比分析认为，我们的发明跟这些已经申请的专利还是不同的，决定尝试去申请实用新型专利。

实用贴士

→　专利文献是研发人员可以充分挖掘利用的宝藏，既可以通过专利文献了解本领域新技术的发展动态，借鉴他人的技术成果，拓展自己的创新思路；同时也可以通过检索专利文献初步判断专利提案的创新性。

→　选取关键词时，尽量列举更多的同义词/近义词，同义词/近义词也可以从检索到的相关文献中获取。

→　根据关键词，找到1~2篇相关度高的专利文献，再利用相关专利的分类号，快速获取同类专利文献。

→　如果检索到与专利提案相似的专利，需要比较专利记载的核心方案和本专利申请的核心方案是否存在技术区别，而不是直接放弃提交专利申请。

→　如果总是检索不到相关专利，通常需要调整检索关键词再次检索，因为一般情况下总是存在相关专利的，除非本专利提案是开拓性的重大创新。

第四章

交底书撰写篇

——真枪实弹写下自己的方案

如果你是第一次听说交底书

那么一定要发挥"刨根问底"的精神

摸清楚交底书的方方面面

真枪实弹写出一份出色的交底书

把带有智慧之光的方案"底朝天"地交给帮助我们申请专利的人

本章将详细介绍交底书撰写的各种知识

第一节

不懂就问
——认识传说中的交底书

趣专利·猜一猜

🔍 让人一头雾水的技术交底书是什么？

　　每当技术人员联系专利管理人员或专利代理人准备申请专利时，对方常常说："行，先写技术交底书吧。"第一次申请专利的技术人员一听这专有名词，往往一头雾水，技术交底书到底是什么东西？

　　技术交底书就是将打算申请专利的技术方案毫无保留地"交代"清楚，详细说明到底做了什么，怎么做的，这么做的好处是什么。换句话说，交底书就是把技术底牌亮出来，以书面形式告知别人技术方案的全部内容，该文字描述文字描述，该画图画图，该列实验数据列实验数据。

　　技术交底书一般适用于发明或实用新型专利的申请，外观设计专利申请不需要它。技术交底书是我们与专利管理人员、专利代理人之间用于技术交流的文件。不同于提纲或者核心内容，交底书需要将技术方案"点透"，而不是"点到为止"。一方面，公司专利管理人员用于确定是否进行申请和如何申请，也使专利管理人员帮助我们明确发明点，提升专利价值；另一方面，技术交底书也是专利代理人的申请文件撰写素材。

🔍 **技术交底书与专利申请文件有何区别和联系？**

　　技术交底书是技术文件，专利申请文件是法律文件，二者具有质的区别。

　　技术交底书本质上是一份由技术人员原原本本把发明内容说清楚的技术材料，只要技术内容描述清楚了，多一句话、少一句话，多一个词、少一个词，都没有实质影响。而专利申请文件是正式递交过国家知识产权局，在申请时声明希望专利保护的范围、经审查员授权后最终确定专利保护范围的法律文件，权利申请书多一个词就很可能使得专利保护范围大为缩小，使专利权人在维权中变得极为被动。

技术交底书只是专利申请文件的素材来源，其绝大多数内容都将贡献给专利申请文件中的说明书部分，应当由最为清楚发明内容的发明人亲自撰写。专利申请文件作为法律文件，专业性非常强，绝非技术人员短期依葫芦画瓢能够学会的，应当由具有一定经验的专利代理人来撰写。

技术方案的速成法宝是什么？

趣专利·猜一猜

技术方案的形成其实是有技巧的。

在撰写技术交底书前，发明人应当梳理技术方案的逻辑框架，形成初步的技术方案。所谓初步技术方案就是专利申请方案的雏形，是进行交底书撰写和专利检索的基础，相当于研发人员用文字概括其想法的核心内容，即技术诀窍在哪里，如何解决技术问题，具体步骤如下：

第一步，我的想法来源于哪里？多半是现有技术存在缺点，而我发现了这种缺点。例如，起床洗漱时忘记了摘掉手表，手表进水后损坏而无法使用。

第二步，我的想法到底是什么呢？希望能够克服现有技术的缺点。对于进水的手表，最直接的想法就是——如果手表能够防水该多好啊！

第三步，我的想法怎样才能变为现实呢？得在技术上想想办法，采取技术措施克服现有技术的缺点。构思解决方案，如把手表密封起来，可以在制造手表时，用胶体把手表外壳的缝隙粘起来或者在扣接外壳时加个密封圈。

第四步，我的想法实施后会变成什么样？以上想法实施后，现有技术的缺点被顺利解决。对于手表这个例子，改进后的手表具有防水功能，以后洗漱再也不用担心因为忘记摘掉手表而导致手表进水后破坏了。

以上四个步骤之后，就可以开始准备撰写交底书了。

第二节

切忌眼高手低
——摸清交底书的撰写套路

技术交底书有哪些内容？

趣专利·猜一猜

交底书的撰写通常围绕"别人做了什么""我为什么还要做""我是怎么做的""我这么做有什么好处"这样的思路进行。

为了便于发明人尽快上手和规范管理，一般来说，各单位会制定统一的专利申请技术交底书模板，模板内容大同小异，主要包括发明名称、技术领域、现有技术的技术方案、现有技术的缺点及本申请提案要解决的技术问题、本申请提案的技术方案的详细阐述、本申请提案的关键点和欲保护点、本申请提案的技术优点、其他有助于理解本申请提案的技术资料等内容。

每个部分具体撰写的内容包括：

（1）发明名称。用本技术领域的通用技术术语写明本提案所要求保护的技术方案的名称，注意不得使用商业性宣传用语。

（2）技术领域。写明要求保护的技术方案所属的技术领域，如火力发电、柔性直流输电、大电网安全运行、智能表计、能源互联网等。

（3）现有技术的技术方案。这部分应写明两项内容，一是作为本申请提案基础且能够帮助代理人理解本申请提案的公知技术，内容以与本申请提案密切相关的公知技术为限，简单介绍即可；二是现有技术中与本申请提案最为接近的技术方案，要写明现有的技术方案是怎样实施的，尤其是对现有技术方案与本申请提案的不同之处要描述清楚，清楚到足以让阅读交底书的人能够符合逻辑地推导出现有技术方案的缺点，而不能只给出现有技术方案的缺点。

（4）现有技术的缺点及本申请提案要解决的技术问题。写明现有技术中所存在的缺点以及本申请提案要解决的技术问题。所写现有技术缺点必须是本申请提案能够解决的缺点，且所写缺点应当是技术性的缺点，如资源利用率低、网络实体负荷过大等，而不能是管理性或商业性的缺点，如商业运行上的缺点等。

（5）本申请提案的技术方案的详细阐述。尽可能详细地描述本提案的技术方案，说明技术方案是怎样实现的，如何解决了现有技术存在的技术问题，而不能只有原理，也不能只介绍功能。对于本申请提案相对于现有技术的改进部分，需要详尽地描述。另外，除描述最佳技术方案外，如有可替代方案，也需要进行描述，若涉及标准，则需要给出与标准提案相一致的实例。

（6）本申请提案的关键点和欲保护点。按重要程度从高到低的顺序，依次列出本申请提案与现有技术不同的各个区别点。

（7）本申请提案的技术优点。写明本申请提案相比于现有技术所具有的优点，并逐一说明本申请提案是因为采用了怎样的技术手段才能具有某个优点。这里所说的优点是指技术上的优点，而不是管理上或商业上的优点，并且应是本提案技术方案直接带来或必然带来的优点，而不能是还需结合其他技术才能带来的优点。

（8）其他有助于理解本申请提案的技术资料。与本提案技术方案相关且有助于理解本申请提案的技术资料，如术语解释、协议、标准、论文、之前提交的专利申请文件等。

怎样写技术交底书才能使人眼前一亮？

趣专利·想一想

交底书撰写中的重头戏就是对技术方案的详细阐述。所谓技术方案的详细阐述，就是要说明技术方案是怎样实现的，一般技术人员"照着做"就能解决技术问题，因此，不能仅宏观地介绍原理或功能。类似于修建一座大楼，此时需要的不再是宏观的建筑原理或建筑框架，而是具体的施工方案，施工人员照着做就能把大楼修建出来。

对于方法类的技术方案，至少需要给出流程图，逐个步骤进行介绍。如果是软件方法，需要介绍软件的执行流程、实现的功能及具体应用场景等；如果是算法，需要介绍算法的由来、计算公式、推导过程、各种技术参数等。

对于装置类的技术方案（包括设备、系统、硬件构成等），至少需要给出结构框图（或架构图），说明各个组成部分之间的连接关系、位置关系，写明各个部分的功能。连接关系可以是物理连接、数据流连接、信号连接等。

需要注意的是，交底书是生产说明书，而不是使用说明书，所以要从专利申请希望保护的产品或者机器的角度，也就是代理人所说的装置的角度来说明。一个实体，它是由哪些部分构成，每一个部分都起到什么作用，各部分之间的关系是怎样的，数据怎样流动。最重要的是，为什么这些构成部分的组合就可以达成交底书所说的目的，它们是如何达成的。

不管是方法类的技术方案还是装置类的技术方案，需要重点阐述的是与现有技术存在区别的部分，并重点标明，可采取字体加粗或文字注明等形式。与现有技术相同的部分可以简写，体现技术方案的完整性即可。通常，为了使阅读交底书的人员能更容易地理解技术方案，可以结合具体应用实例或具有应用场景进行说明。

如果存在解决技术问题的几种相互替代方式，不管是不是最佳的，只要是发明人知道的都需要进行描述。例如，为了解决终端定位的问题，可以利用网络侧定位、终端GPS定位、网络侧与终端联合定位等多种方式。

同时，如果技术方案适用的环境或系统不局限于企业本身运营或现有的环境、系统，在交底书中也应对不同的应用场景予以介绍。例如，某项远程读表技术不仅可以用于电表，也可用于煤气表和水表；某项机器人线路巡检技术不仅可以用于电力网络，也可以用于通信网络。

需要提醒的是，若涉及技术标准化，需要给出与标准提案相一致的实例。

技术交底书撰写过程中会碰到哪些问题？

发明人进行交底书撰写时常见的问题包括：

（1）只有要达到的目的，没有实质技术方案。阅读交底书后无法知道目的是如何达到的，例如，发明的目的是制造一种防水手表，如何实现手表防水却没有介绍。

（2）仅强调方案有很多优点或功能，但没有说明为什么具有这些优点或功能。阅读交底书后无法知道这些优点或功能是如何实现的。例如，手表的优点是能防水，即使放在水下也能正常使用，为何手表就能防水却没有介绍。

（3）方案不清楚，只有大体思路或框架。看似有技术方案，实质上却跟没有差不多，阅读交底书后还是不知道具体是如何实现的，例如，通过采取防水措施使得手表能防水，至于采取的到底是什么防水措施却没有提及。

（4）列出的技术问题没有得到解决。列出了几个技术问题，而技术方案只能解决其中的一个，并不能完全解决，例如，交底书指出现有手表的问题是不能防水、易破碎；通过加密封圈的方式使得手机能防水，但手表易破碎的问题却依然存在。

（5）内容写了不少，但却没有写出具体的技术手段。最典型的问题是直接将整个项目申报书或项目技术报告复制到交底书中，由于项目技术文档更关注的是要解决的问题、解决的基本思路和达成的技术效果，至于具体如何实现的（也就是详细的技术方案）往往介绍得不多或者没有介绍，因此不能直接用于交底书。例如，交底书详细介绍了手表的发展历史、种类等内容，指出需要解决手表不能防水的问题，使得手表即使放在水下也能正常使用，介绍了采用密封圈的方式，但对于密封圈的具体结构、材料、与表壳如何扣合等详细方案却没有提及。

上面的各种常见问题都可以归结为交底书的技术方案不清楚，都缺少"怎么做到的"，一般技术人员阅读交底书后无法"照着做"就能解决技术问题。交底书的技术方案不清楚会导致代理人撰写的申请文件不清楚或者公开不充分，最终导致在官方审查阶段被认为公开不充分而被驳回专利申请，不能获得专利权。

如何正确应对专利管理人员和代理人补充技术内容的要求？

在专利提案评价和专利申请文件撰写过程中，常常会遇到专利管理人员和专利代理人要求我们补充技术内容的情况。有些情况下，需要就技术方案的实现细节进一步补充。有些情况下，需要补充更多的实施实例；有些情况下，是专利管理人员和专利代理人根据经验对技术方案进行了扩展，需要提供扩展后的详细技术方案。

趣专利·聊一聊

无论何种情况，都应积极配合，尽量按照专利管理人员和专利代理人的要求尽快补充完善，为专利管理人员确定申请文件撰写策略和代理人撰写申请文件提供充足素材，避免后续专利申请因为公开不充分、不具备新颖性和创造性等原因而被驳回。

第三节

典型案例

通过本章前面两节内容的学习，我们对交底书有了一定的认识，本节将以一篇交底书作为示例，对交底书各部分的撰写进行详细介绍。

第一步，写明发明的名称。

1. 发明名称

一种阻止锂离子电池热失控传播的防护装置及方法

第二步，写明发明所属的技术领域。

2. 技术领域

本发明属于锂离子电池安全领域。

第三步，介绍发明相关的现有技术。

这部分一般需要写明两项内容，其一是与本专利相关的背景技术；其二是现有技术中为了解决相同的方案，一般采用的、最接近的技术方案，这一部分要详细写明现有的技术方案是怎样实施的。

3. 现有技术

随着锂离子电池的广泛应用，近年来因锂离子电池引发的火灾事故时有发生，锂离子电池的火灾危险性逐渐显现，国内外多次发生有影响的火灾事故，并引发相关产品的大规模召回，使锂离子电池相关的企业、行业均带来了重大的直接经济损失。

锂离子电池在某些滥用条件下（如过充、高温、短路等）容易出现危险，发生热失控，此过程中电池的内部和表面温度会骤然上升至几百度，电池以燃烧或爆炸的形式完成能量的释放，最终电池结构被破坏、电性能丧失。现阶段，锂离子电池大量应用于电动汽车或储能领域，使得锂离子电池常常以电池组或电池模块的形式应用于所属领域内，单体电池产生的燃烧或爆炸现象常常也会使其周围的电池受到影响，某块单体电池热失控可能引发其周围多块电池同样发生燃烧爆炸现象，甚至导致整个电池组或模块的大规模热失控及安全事故的发生。

当单体电池的热失控不可避免时，应采取一切措施阻止锂离子电池热失控出现连锁反应。在这里，将由外界激励（充电、针刺、加热等）发生爆炸的电池称为主动电池（Initiative Battery, IB），将由主动电池爆炸引起的发生爆炸或损坏的电池称为被动电池（Passive Battery, PB）。

锂离子电池发生热失控时，会释放出大量热量，常常伴随着燃烧或爆炸现象。阻燃材料不仅能够阻断电池热失控时释放出的热量，防止电池将过高的温度传播给周围的其他电池；而且还能够抑制火焰的传播，极大地降低或控制了由燃烧带来的一系列安全事故。同时，通过合理的布置，一定形状和数量的阻燃材料还能够衰减电池爆炸时带来的能量冲击，最大限度地保护周围电池以及相关人员设备的安全。

现有的锂离子电池阻燃材料多以涂覆的方式涂覆在锂离子电池内部的正负极极片、隔膜上，以对锂离子电池的起火燃烧起到部分减缓或遏制作用。

第四步，列出现有技术的缺点及本申请提案要解决的技术问题。

需要注意的是，所列出的现有技术缺点必须是所申请发明能够解决的缺点，且所写缺点应当是技术上的缺点，而不能是管理性或商业性的缺点。一般来说，现有技术中存在的缺点，也正是我们所要解决的技术问题。

4. 现有技术的缺点及本申请提案要解决的技术问题

现有的锂离子电池阻燃材料多以涂覆的方式涂覆在锂离子电池内部的正负极极片、隔膜上，这种方法虽然能对锂离子电池的起火燃烧起到部分减缓或遏制作用，但由于其布置于电池内部有限的空间内，阻燃材料的形状和质量都受到影响，一般涂覆层厚度仅为0.5~10μm，导致阻燃效果并不理想，同时，由于阻燃涂层涂覆于电池正负极片或隔膜上，势必会对电池本身容量、功率性能或其他电学性能造成影响。此外，还有的方法将阻燃剂作为添加剂添加到锂离子电池的电解液中，以期望控制或阻断锂离子电池热失控时产生的火焰，这种方法同样于电池内部布置阻燃材料，阻燃效果受到影响，且会对电池电解液的离子电导率造成影响，从而导致电池电学性能下降。还有一些方法将锂离子电池封装于密闭的刚性腔体中，内部通入惰性气体，这种方法虽然能够有效遏制锂离子电池热失控的传播，但对腔体的强度和密封性能要求都较高，且沉重的刚性外壳、繁琐的过程以及较高的成本都使得这种方法的推广和使用受到了限制。

本发明充分利用阻燃材料的阻燃隔热特性，将阻燃材料以特定的形状及工艺布置于电池外部四周，有效地控制了电池热失控时向周围电池的传递热量和干扰火焰，极大地保障了被动电池在主动电池发生热失控时的安全。同时，由于阻燃材料作为独立的部分布置于电池外部，不会对电池本身的功率、容量或其他电学性能产生任何影响，而且阻燃材料自身的密度较小，相较于金属或合金等刚性结构具有更小的质量，使得其大规模应用于电池系统的热失控防护成为可能，可为移动式储能设备或电动汽车电源提供可靠的热失控防护功能。

第五步，详细阐述发明的技术方案。

本部分是最重要的部分，不能只有原理，也不能只介绍功能。应尽可能详细地描述，需要说明技术方案是怎样实现的，如何解决了现有技术存在的技术问题。对于结构上有改进的，建议结合结构示意图进行描述；对于方法流程上有改进的，建议结合方法流程图描述。除描述最佳技术方案外，如有可替代方案，也需要进行描述。

5. 本申请的技术方案

为保证电池系统安全稳定运行，当个别单体电池出现安全问题导致发生燃烧爆炸等极端现象时，应采取措施阻止电池安全事故的扩大，防止热失控连锁反应的发生。本发明提出了一种防止锂离子电池热失控传播的装置及方法，利用阻燃材料的阻燃隔热特性，采用浇铸的方法将其以特定形状和质量布置于电池周围，保障电池在发生热失控时不会引起其他电池出现连锁反应，扩大安全事故。同时，在阻燃隔热的同时又以特殊的设计保证了电池在正常使用过程中的散热和热量管理问题。

本发明的目的在于克服现有技术中的缺陷和不足，提供一种阻止锂离子电池热失控传播的防护装置及方法。

本发明的目标通过以下的技术方案实现：

一种阻止锂离子电池热失控传播的防护装置及方法，包括如下步骤。

步骤一：本专利所述锂离子电池阻燃材料结构浇铸模具由不锈钢或其他熔点高于500℃的金属或其合金制得，所述结构包括：围板1、围板2、围板3、围板4、底板5、电池模具6以及四周所用螺栓7（共8个）、螺母8（共8个），模具全局图如附图1所示。

其中，所述围板1由90根长方体形钢条与一块钢板焊接而成，钢条布置间距与分布见附图2所示。围板1上方左右对称开两个与螺栓7和螺母8相配合的圆孔，下方也左右对称开两个与螺栓7和螺母8相配合的圆孔。

其中，所述围板2为与围板1厚度相同的钢板，围板2上下方均开两个与螺栓7和螺母8相配合的左右对称的圆孔。

其中，所述围板3为与围板1厚度相同，尺寸相同的钢板，开孔方式与围板1相同。

其中，所述围板4为与围板2厚度相同，尺寸相同的钢板，开孔方式与围板2相同。

其中，所述底板5为由两块钢板构成的双层结构，层间四角布置四个均匀分布的、相同的刚性圆柱作为支撑，且各钢柱上下端面与上下钢板通过焊接连接，如附图3所示。

其中，所述电池模具6为与布置阻燃材料的锂离子电池等尺寸的刚性长方体，电池模具6与底座5之间相互独立，不采用连接。

其中，螺栓7和螺母8为相互配合的结构，螺栓长度根据面板间距调整。

其中，对以下端面进行抛光处理，使得表面粗糙度$Ra<0.8\mu m$：围板1每根钢条除焊接面以外其他5端面、围板1内壁侧、围板2内壁侧、围板3内壁侧、围板4内壁侧、底板5上层钢板顶面、电池模具6各电池四周端面。

步骤二：将阻燃材料在200~300℃下加热至融化，并注入组装好的浇铸模具中，浇铸过程分3~5次完成，每次浇铸过程时间为1~3分钟，每两次浇铸时间间隔为20~40min。

步骤三：将浇铸好的阻燃材料结构在20~25℃下冷却至室温。

步骤四：将浇铸模具拆解，依次拆解围板4、围板2、围板3、围板1、电池模具6和底板5。将浇铸完成的阻燃材料结构取出，示意图如附图4所示。

步骤五：将锂离子电池装入浇铸好的阻燃材料结构中，示意图如附图5所示。

附图1　热失控防护装置制备模具全局图；

附图2　围板1钢条布置间距与方式图；

附图3　底板5结构及电池模具6细节图；

附图4　浇铸成型的阻燃材料结构示意图；

附图5　阻燃材料结构与电池配合情况示意图。

具体应用的最佳实施例为一款硬壳包装锂离子动力电池制备阻燃材料热失控防护结构，电池质量为1.8538kg，形状为长方体型，长×宽×高=35mm×30mm×210mm，电池标定容量20Ah。主要包括如下步骤：

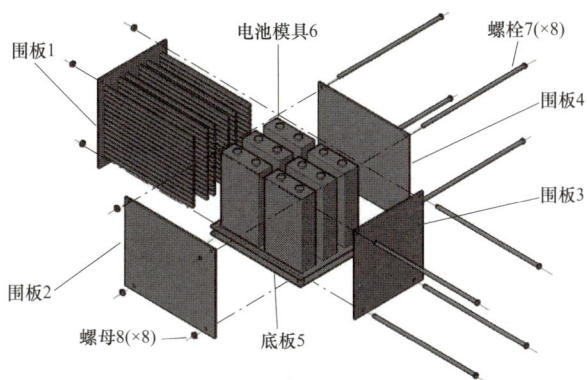

附图1　热失控防护装置制备模具全局图

附图2　围板1钢条布置间距与方式图

附图3　底板5结构及电池模具6细节图

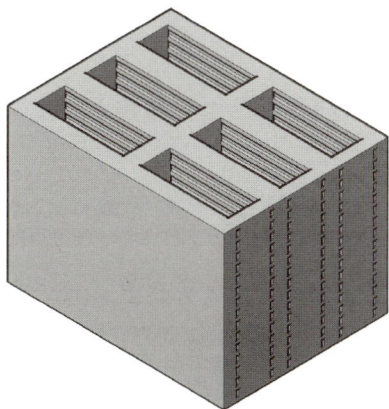

附图4　浇铸成型的阻燃材料结构示意图

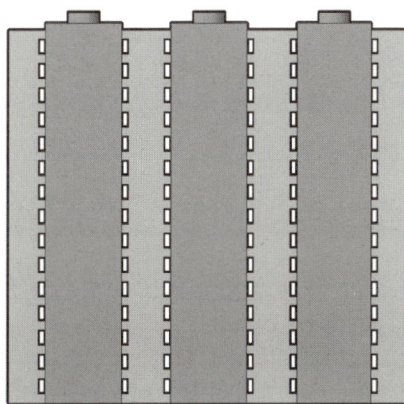

附图5　阻燃材料结构与电池配合情况示意图

步骤一：将阻燃材料浇铸模具按照附图1形式组装好，其中，电池模具6尺寸与锂离子电池大小一致，长35mm，宽30mm，高210mm。

步骤二：将阻燃材料加热至260℃，分3次注入模具组中，每次注入时间2分钟，注入间隔为30分钟。

步骤三：将浇铸好的模具及阻燃材料于25℃下搁置至室温，待阻燃材料结构成型。

步骤四：将浇铸模具拆解，依次拆解围板4、围板2、围板3、围板1、电池模具6和底板5。将浇铸完成的阻燃材料结构取出。

步骤五：取6块20Ah长方体型锂离子电池放入阻燃材料防护结构中，完成防护装置的制备。

第六步，列出关键点和欲保护点。

建议按重要程度从高到低的顺序，依次列出本申请提案与现有技术不同的各个区别点；即最想要保护的点最先列出。关键点和欲保护点可以分开列出，也可以一并列出。

6. 本申请的关键点和欲保护点

关键点：

（1）利用阻燃材料的阻燃隔热特性以及密度小质量轻等优点设计了一种有效阻止锂离子电池热失控传播的阻燃结构及装置。

（2）利用浇铸的方式成型锂离子电池热失控阻燃防护结构。

（3）热失控阻燃结构模具的整体设计及零部件结构。

（4）浇铸成型的锂离子电池热失控阻燃结构具有特殊的端面形状，保证阻燃的同时能正常散热。

欲保护点：

（1）通过在锂离子电池外侧布置一定形状和数量的阻燃材料的方式来达到阻止锂离子电池热失控连锁反应的发生。

（2）利用浇铸的形式成型锂离子电池阻燃结构，方法简单易行，便于操作。

（3）设计了具有特殊结构的浇铸模具，使得阻燃结构具有特定形状，同时浇铸模具操作简单，退模方便。

（4）成型后的锂离子电池阻燃结构具有特殊的端面形状，阻燃隔热的同时保证锂离子电池正常散热。

第七步，阐述发明的技术优点。

建议写明相比于现有技术所具有的优点，并逐一说明是因为采用了怎样的技术手段才能具有某个优点；这些优点最好是直接带来或必然带来的优点。

7. 发明效果

（1）提供了一种新型的锂离子电池热失控防护装置及方法，利用阻燃材料的阻燃隔热特性以及密度小、质量轻等优点设计了一种有效阻止锂离子电池热失控传播的阻燃结构。

（2）阻燃结构制备过程采用浇铸的方式，保证阻燃材料能够以特定的形状和结构出现，充分发挥阻燃隔热特性。同时，浇铸方法简单易行，便于实现。

（3）阻燃材料结构内部与电池接触部分为特殊的凹凸不平型，这种结构不仅保证了电池发生热失控时周围的阻燃材料能够有效地阻隔和削弱热量，更为重要的是，保证电池在正常工作过程中产生的热量能及时通过空气对流的方式消散。

第八步，考虑是否有其他有助于理解本发明的技术资料，如果没有，可以不提供。

经过上面的八个步骤，我们就得到　篇完整的、高水平的交底书。

实用贴士

→ 发明人撰写交底书的基本要求是相同领域一般技术人员能轻松看懂、看明白交底书的内容，照着做就能再现发明。

→ 交底书撰写的最好方式是用图说话、举例说明，即方法和系统分别画出流程图和架构图，结合图说明具体的方法步骤和各功能模块，同时结合具体实例描述清楚。

→ 交底书撰写时，解决相同技术问题的不同替代方案或者优劣方案都建议作为不同实例写入交底书中，并充分考虑方案是否可能用于其他场景，以提升专利价值。

→ 跨国公司在中国的专利申请通常公开的技术内容较为充分，在不知道要详细到什么程度的情况下，可以检索电力行业知名外企的专利申请，学习其专利申请的实施例部分，了解交底书撰写的详细程度。

第五章

申请文件细节篇

——写一份体面的申请文件

如果你想申请专利

那么必须了解申请文件

申请文件作为一种官方文件

与其他公文类似

有严格的格式和内容要求

本章将讲述准备申请文件的 N 个细节

第一节

世事洞明
——你必须知道的申请文件细节

趣专利·聊一聊

🔍 官方的专利申请文件什么样?

交底书写完后,就进入了专利申请文件准备环节。什么是专利申请文件呢?简单来说,专利申请文件就是知识产权局要求的在申请专利时需要递交的书面文件。申请的专利类型不同,需要递交的专利申请文件也是不同的。

申请发明专利的,专利申请文件主要包括说明书、权利要求书、摘要及其他官方要求的格式性文件。

申请实用新型专利的,专利申请文件主要包括专利请求书、说明书、说明书附图、权利要求书、摘要、摘要附图及其他官方要求的格式性文件。

申请外观设计专利的,专利申请文件主要包括图片或照片、简要说明及其他官方要求的格式性文件。

专利申请文件有严格的格式要求和内容要求,其中,对于发明或者实用新型专利而言,说明书和权利要求书是其中最为重要的两个文件。

1. 说明书

说明书用来详细说明发明或实用新型专利的具体内容,主要起着向社会公众公开发明或实用新型技术方案的作用。其中,要明确写明申请的东西是什么,解决了什么问题,与现有技术之间的区别是什么,是如何实现的。除了发明名称以外,说明书一般包括技术领域、背景技术、发明内容、附图说明和具体实施方式五个部分。

技术领域要写明要求保护的技术方案所属的技术领域。

背景技术要写明与本发明最相关的现有技术以及现有技术存在的问题,该问题应该是本发明所能够予以解决的。

发明内容要写明本发明要解决的问题,解决该技术问题所采用的技术方案以及本发明与现有技术相比的有益效果。

附图说明要对说明书附图中各幅附图进行简略说明。

具体实施方式要详细写明实现本发明的具体技术方案，以本领域技术人员能够实现为准，通常情况下，需要对采用实施例的方式进行举例说明。

2. 权利要求书

权利要求书是专利申请文件中非常重要的一个文件，它的作用是限定专利权人的权益范围，记载在权利要求书中的每一个技术特征，就像一根根界桩一样，对权利要求的保护范围加以明确。也就是说，专利的保护范围是由权利要求书确定的，而非说明书。专利审查中对于新颖性和创造性的判断，诉讼中专利侵权的判定都是以权利要求书中描述的技术方案为基准进行判断的，说明书往往只是起到解释和澄清技术方案的作用。

公开号为CN 107414769 A，发明名称为"便携式电力检修工具箱"的专利申请的权利要求书，如图5-1所示。其中第1条描述的内容就是该专利申请递交时所请求的保护范围。

CN 107414769 A　　　　　**权　利　要　求　书**　　　　　1/1 页

1.便携式电力检修工具箱,其特征在于,包括:底板,固定于底板上并绑于操作者腰部的绑带,设置于底板上端的操作收纳台组件,连接于上述底板与操作收纳台组件之间的第一伸缩件,设置于上述操作收纳台组件上的红外摄像仪,连接于上述红外摄像仪的显示屏。

2.根据权利要求1所述的便携式电力检修工具箱,其特征在于,上述操作收纳台组件组成有:固定于第一伸缩件上的收纳盒,封闭上述收纳盒并旋转固定于收纳盒两侧内壁的操作台。

3.根据权利要求2所述的便携式电力检修工具箱,其特征在于,上述收纳盒的侧壁延伸出高于操作台位置的限位凸起。

4.根据权利要求2所述的便携式电力检修工具箱,其特征在于,上述操作台与收纳盒之间设置有弹簧铰链。

5.根据权利要求1所述的便携式电力检修工具箱,其特征在于,还包括:固定上述红外摄像仪的固定夹,设置于上述固定夹下的位置调节组件。

6.根据权利要求1所述的便携式电力检修工具箱,其特征在于,上述位置调节组件组成有:设置于上述固定夹下的电子转轴,固定于上述电子转轴下的第二伸缩件。

7.根据权利要求6所述的便携式电力检修工具箱,其特征在于,上述第二伸缩件为电子不锈钢伸缩杆。

8.根据权利要求1所述的便携式电力检修工具箱,其特征在于,上述第一伸缩件为电动丝杆。

9.根据权利要求1所述的便携式电力检修工具箱,其特征在于,上述显示屏下设置有调节观看角度的转轴。

10.根据权利要求1所述的便携式电力检修工具箱,其特征在于,上述底板的两侧设置有供绑带穿过的安装凹槽。

图5-1　发明名称为"便携式电力检修工具箱"的专利申请的权利要求书

如何理解权利要求书这一重要法律文件?

由于任何新技术都是在现有技术的基础上做出的,因此说明书中公开的内容必然会包括现有技术的描述和本发明创新点的描述两部分。对公众来说,说明书中这两方面内容交织在一起,难以归纳出到底什么是发明人的发明创造,就算归纳出来,也会因人而异、难以统一。因此,为了明确专利的创新内容,权利要求书这一法律文件登场了。

权利要求书是以简洁的文字定义受保护技术方案的法律文件,它向公众说明要保护的技术方案的构成要素(即技术特征)有哪些。一旦他人实施的方案包含了权利要求中记载的全部技术特征,就构成侵犯该专利权的行为,若没有包含权利要求中记载的全部技术特征,则表明其实施的技术方案与该受专利保护的技术方案不同。因此,在侵权诉讼中,权利要求书常常是专利权人和被诉侵权人激烈辩论的焦点领域,这也说明权利要求书很重要。

按照所保护对象的不同,权利要求可以分为产品权利要求和方法权利要求。通常权利要求的主题名称应当能够清楚地表明该权利要求所保护的是一种产品还是一种方法,比如主题名称为"一种供电网路径的优化方法"的权利要求的保护对象就是一种方法,而主题名称为"一种供电网路径的优化装置"的权利要求的保护对象就是一种产品。

按照撰写方式的不同,权利要求可以分为独立权利要求和从属权利要求,从保护范围来看,独立权利要求和它的从属权利要求以及从属权利要求的从属权利要求,是一个大环套小环、环环相套的关系,如图5-2所示。

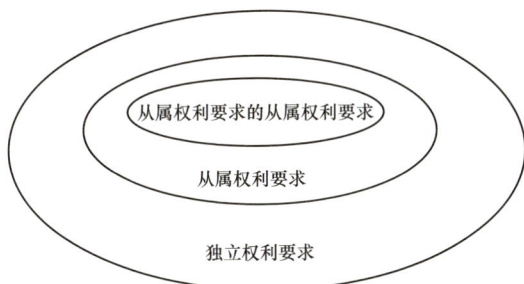

图5-2　权利要求保护范围示意图

独立权利要求包括实现发明的所有必要技术特征,因此,独立权利要求是一个用简洁语言表达的完整技术方案,依据该方案内容能实现本发明的技术目的。

独立权利要求一旦确定，该专利的利益范围就基本确定了，而从属权利要求则是在独立权利要求的基础上再附加一些技术特征，以在独立权利要求保护的技术方案的基础上通过增加附加的技术特征进一步完善技术方案。下面我们用一个简单的权利要求书来帮助大家理解什么是权利要求。❶

假设现有技术中人们用的杯子都是广口、无把手、无盖、无茶叶滤网的，发明人认为现有技术的杯子不方便人们使用，因此基于现有技术发明了一种方便人们使用的杯子（这就是发明目的），这种杯子有把手、有盖、有过滤茶叶的滤网，则撰写的权利要求为：

1. 一种杯子，其特征在于杯身一侧有用于持握杯体的把手。

2. 根据权利要求1所述的杯子，其特征在于所述杯子有盖。

3. 根据权利要求1或2所述的杯子，其特征在于所述杯子有用于过滤茶叶的滤网。

帮助理解情景：权利要求1（独立权利要求）把凡是一侧带把手的杯子都划到发明人的保护范围内了，如图5-3所示。今后只要别人制造销售一侧带把手的杯子，就侵犯了发明人的专利权。

权利要求2（从属权利要求）把凡是一侧带把手，同时又有盖的杯子划到发明人的保护范围内了，如图5-4所示。今后只要别人制造销售一侧带把手、且有盖的杯子，就侵犯了发明人的专利权。

图5-3　带把手的杯子　　　图5-4　带把手和杯盖的杯子

权利要求3（从属权利要求）把一侧带把手同时又有茶叶滤网的杯子、一侧带把手同时又有盖和茶叶滤网的杯子（如图5-5所示）都划到发明人的保护范围内了，今后只要别人制造销售这两种杯子，就侵犯了发明人的专利权。

---

❶ 从法律角度来说，本例中权利要求的语言并不严谨，仅仅是为了帮助读者理解权利要求的内涵。

图5-5　带把手、杯盖和茶叶滤网的杯子

上面的例子中，权利要求1虽然只保护了有把手的杯子，但是其已经实现了"方便人们持握"的发明目的，并且由于权利要求1包含的技术特征最少，因此限定了最大的保护范围，在此基础上，其他从属权利要求进一步增加技术特征，使杯子更加卫生和方便茶叶过滤，是对方案的进一步完善。可以看出，权利要求书中每一个权利要求都是一个技术方案，而最大的保护范围则是由独立权利要求划定的，后续的从属权利要求都是在独立权利要求范围内的进一步限定。

为什么不能直接将交底书递交知识产权局？

很多发明人心里都会有一个疑问，在交底书中已经把技术方案写得又清楚又完整了，为什么不能直接把交底书递交给知识产权局进行审核呢？为什么一定要通过晦涩难懂的专利申请文件来对技术方案进行保护呢？

要回答这个问题，就得先从交底书和专利申请文件的作用谈起。

交底书是发明人表达技术思想和方案的文件，仅仅是从技术角度来对要保护的技术方案进行说明。而专利申请文件不同于交底书，专利申请文件不仅是一个技术文件，还是一个法律文件，专利的保护范围是通过专利申请文件中的权利要求书来界定的。专利申请文件撰写质量的好坏不仅可能影响该专利申请在知识产权局的审批进度，也会影响到授权后专利的质量。在撰写专利申请文件时，需从专利授权条件、专利无效、专利侵权诉讼以及市场开拓等多个角度来全面地思考。

如果仅将交底书修改为满足专利申请文件的形式要求后就递交，那可能会带来两方面的问题。

一是将交底书中的技术方案直接作为权利要求书的内容，其后果是保护范围非常具体且狭窄，几乎是对发明物完全一致的描述，而没有概括总结发明的核心。这种专利申请即使得到授权，他人通过阅读和学习该专利申请文件中所公开的内容后，仅仅作一些微小的改动就可以成功地绕开专利所能给予的保护范围，比如下面这个案例。

🔊 **发明名称：一种基于视觉辨识的变电站工作现场安全监控方法**

一种基于视觉辨识的变电站工作现场安全监控方法，其特征在于，该方法是采用如下步骤实现的：

（1）选定变电站工作现场，并选取变电站工作现场的变压器和带电间隔作为监控区域；

（2）在变压器的两侧中间位置、变压器的四角位置、带电间隔的四角位置各安装一个摄像机支架；

（3）在每个摄像机支架上均安装一套减震吸盘和一台网络摄像机，并调整各台网络摄像机的角度，使得各台网络摄像机对监控区域进行360°无死角覆盖；

（4）在每个摄像机支架附近均安装一台无线网桥，并通过数据线将各台无线网桥与各台网络摄像机一一对应连接；

（5）在变电站主控室的房顶上安装四台无线网桥基站，并确保四台无线网桥基站对各台无线网桥进行360°无死角覆盖；

（6）在变电站主控室内安装视频服务器，并通过数据线将视频服务器分别与四台无线网桥基站连接；

（7）在变电站工作现场安装无线扩音设备，并通过WiFi网络将无线扩音设备与视频服务器连接；

（8）启动各台网络摄像机；各台网络摄像机实时采集监控区域的视频数据，并将采集到的视频数据实时发送至各台无线网桥；各台无线网桥将接收到的视频数据实时转发至四台无线网桥基站；四台无线网桥基站将接收到的视频数据实时转发至视频服务器；视频服务器对接收到的视频数据进行实时辨识，并根据辨识结果判断监控区域是否出现异常情况；若监控区域出现异常情况，则视频服务器实时生成控制信号，并将生成的控制信号实时发送至无线扩音设备；无线扩音设备根据接收到的控制信号实时发出告警信号，由此实现对变电站工作现场的安全监管。

上面的案例是发明名称为"一种基于视觉辨识的变电站工作现场安全监控方法"的专利申请的独立权利要求1的内容，从中可以看出，步骤（1）~（7）均为安全监控的准备步骤，并非解决本发明安全监管问题的必不可少的技术特征，写到独权中只会限制本发明的保护范围，只要别人采用的准备步骤与步骤（1）~（7）稍有差异，本发明就会被绕开。

二是若交底书中对技术方案的交底不是很充分，那么以此为基础简单整理后递交的专利申请文件很有可能会存在公开不充分的问题，即申请文件中描述的技术方案不能解决技术问题，也不能达到预期的技术效果，本领域的技术人员无法根据说明书的记载实施该发明。还是以上面这个案例为例，步骤（8）中"视频服务器对接收到的视频数据进行实时辨识，并根据辨识结果判断监控区域是否出现异常情况"的步骤的详细实现流程在其余从属权利要求中并未予以解释说明，同时说明书中也没有对如何判断监控区域是否出现异常的具体实施过程进行说明，由于该步骤中如何实现实时辨识是本案最为核心的内容，描述不清楚的话，很可能在审查过程中会被认为方案公开不充分。

电力企业一般会委托专利代理机构撰写专利申请文件，代理机构的代理人根据发明人的交底书撰写完专利申请文件初稿后，就会将专利申请文件初稿发给发明人审核；在专利申请阶段，专利申请文件的撰写基础是发明人提供的交底书，交底书的内容和质量对专利代理人撰写申请文件有直接影响，而专利申请文件的质量，将直接影响到专利法对发明创造的保护。专利申请文件只有在通过发明人和企业专利管理人员的审核后，才可以递交至知识产权局。

为什么最好让专利代理人撰写申请文件？

作为一项复杂、细致、专业的工作，专利申请涉及法律、经济、科学技术等多方面的专业知识。专利代理机构的专利代理人基本都受过专业的技能培训，而且是懂专业技术、专利法及有关规定的复合型专业人才。他们会在撰写的过程中事先进行权利的布局，以此来应对后期审查员的意见。经验丰富的代理人还会在撰写申请材料的时候，模糊化处理一些核心数据和步骤，尽可能地扩大权利要求的保护范围，让申请人的利益实现最大化，并在此基础上提高专利申请质量、加快授权速度。审查员的审查基础就是专利申请文件，专利申请文件质量的好坏，直接影响能否授权以及获得多大程度的权利保护。

专利除了技术属性，还具有法律属性，因而申请文件的撰写需要熟知《专利法》。专利撰写最重要的是涉及权利要求布局，尤其对于发明专利体现得更为明显，需要层层布局，该上位的上位，该功能描述的进行功能性描述。如果权利要求布局不好，即使授权也不能最大限度地保护好自己的产品。

如果发明人就是既懂技术又懂专利的复合型人才，那么当然可以试着自己撰写申请文件。然而，目前大多数的发明人对专利申请文件的撰写特点了解不多，这种情况下若自行撰写申请文件，就很容易出现公开不充分，保护范围不适当，方案描述不清楚等问题，所以建议专业的事情尽量交给专业的人来做，发明人将技术"交底"充分就可以了。

技术人员如何配合代理人写好申请文件？

在代理人撰写申请文件的过程中，技术人员需要做到的就是在与代理人交流的过程中，耐心解答代理人提出的各种技术问题，无论是电话交流还是邮件交流。

一份专利文件最重要的部分是根据技术方案提炼出来的权利要求书，权利要求书中的技术方案确定了整个专利的保护范围，代理人需要根据交底书中的描述和自身的知识来理解技术方案，进而使用严谨的法律语言描述技术方案所要求法律保护的技术范围，完成权利要求书。如果在这个过程中仅通过有限的交底书描述，对技术方案的理解可能会不到位，完成的专利文件和申请人的期望很有可能有较大的差距。所以代理人需要通过与发明人的沟通交流来实现对交底书技术方案的充分理解。

另外，在代理人撰写专利申请文件的过程中，为了达到公开充分的要求，很可能会需要发明人提供相关技术资料，以补充到具体实施例中，对于代理人提出的该请求，发明人应尽量配合，以使专利申请文件能够达到公开充分的要求，避免后续知识产权局审查员认为申请内容公开不充分而驳回专利申请的情况发生。

申请文件递交之后还可以修改吗？

趣专利·测一测

由于这样或那样的原因，往往在递交申请文件以后，会发现递交的文件中存在一些问题，这种情况该如何处理呢？

对于形式方面的缺陷，可以通过补正的方式予以消除，而对于实质性缺陷，则只能以修改的方式予以消除，分为主动修改和被动修改两种类型。

实用新型和外观设计专利申请只允许在申请日起2个月内提出主动修改。之所以规定从申请日起2个月内可以进行主动的修改，原因在于通常情况下，申请日起2个月后，该实用新型或者外观设计将由受理、分类转入初审阶段，如果进入初审阶段后还允许申请人进行主动修改，将会打乱审查员正在进行的初审工作。

　　发明专利申请仅允许在提出实审请求时以及在收到知识产权局发出的发明专利申请进入实质审查阶段通知书之日起的3个月内，对申请文件进行主动修改。为何要规定这两个时间点呢？原因是此时尚未开始实质审查，而审查员开始审查时，可以直接依据申请人修改后的申请文件、尤其是权利要求进行审查。或者说，审查员可以直接针对修改后的权利要求进行新颖性检索和创造性判断。而如果将主动修改的时间拖后，将可能造成审查员针对申请人提交的原始申请文件进行检索，而检索后申请人通过修改改变了权利要求，将造成审查员先前的检索工作白做。

　　申请人在收到知识产权局发出的审查意见通知书后修改专利申请文件，针对通知书指出的缺陷进行修改，就是被动修改。即修改只能针对通知书中指出的缺陷进行，而未指出的部分不能进行修改。原因是如果允许对未指出的部分可以进行修改，则基于未指出的部分已经有了结论，如果允许修改，等于审查员还要针对修改后的权利要求进行再次检索，将造成审查工作的浪费。

　　需要注意的是，递交专利申请后，对专利申请文件进行的修改必须遵守一个基本原则，就是对发明和实用新型专利申请文件的修改不得超出递交时说明书和权利要求书记载的范围，对外观设计专利申请文件的修改不得超出递交时图片或者照片表示的范围，即通常说的"修改不得超出原始公开的范围"。

第二节

箭无虚发
——击破申请文件审核中的各个难点

🔍 如何把握核心发明点?

所谓"发明点",是指技术方案里面的一些技术特征能够带来有益的技术效果。而"核心发明点",是指技术方案中用以解决本申请技术问题的必不可少的技术特征的组合"。体现在权利的保护上,就是"核心发明点"应当是布置在独立权利要求中的"必要技术特征",而其他"非核心发明点"应当是布置在从属权利要求书中的附加技术特征。

还是以第五章第一节中的杯子为例,"把手"就是"核心发明点",因为有了把手就解决了现有技术中杯子不方便握持的问题。而"杯盖""滤网"就是"非核心发明点",进一步解决了使杯子更加卫生和方便茶叶过滤的问题。

如果同一技术成果里面有比较多的核心发明点时,则很有必要考虑针对这些核心发明点分别申请专利,不能将一项技术成果和一件专利看成是同样的事情,特别是有些技术成果汇集在同一个装置或者方法上的时候,尤其需要考虑他人单独实施其中某个或者某些发明点的可能性。比如上面描述的"杯子",若现有技术中不存在具有"杯盖"或"滤网"的杯子,那么可以考虑将"带把手的杯子","带杯盖的杯子"以及"带滤网的杯子"分别申请专利。

🔍 为什么代理人撰写的专利申请文件需要发明人审核?

回答这个问题很简单,因为专利申请文件很重要,有以下三点原因:

第一,专利申请文件是专利审查的基础和依据,能否获得专利权以及专利权的保护范围都是以申请时递交的专利申请文件为准的。后续审查过程中,知识产权局始终是以原始申请文件为依据进行审查。所以,如果专利申请文件质量不高，那么首先造成的影响就是无法获得专利权。即使获得了专利权，如果专利申请文件的质量不高，那么后续在其他人提起无效诉讼时，也会被无效掉。

第二，当其他人侵犯了我们的专利权时，进行侵权判定的过程就是拿被控侵权的产品或行为与我们的专利权利要求进行严格的特征比对。如果申请文件撰写时，将一些不必要的技术特征也写入权利要求，会导致我们的保护范围不恰当地缩小，将本该属于我们的权利白白放弃掉一部分。而竞争对手就可以绕开这些技术特征，对我们的专利进行规避。也就是说，即使获得了专利权，如果专利申请文件的质量不高，也可能会导致无法维权。

第三，在进行专利评奖时，通常将专利申请文件的质量作为法律层面的重要评分依据。如果一件专利申请文件的质量不高，法律层面的评分很难有高的评分，即使这件专利相关的技术在市场上、技术上有非常高的评价，也很难获奖。

目前，大多数代理人曾经所学专业很难直接对应发明所属的技术领域，即便曾经所学对应发明所属领域但代理人也难以达到行业技术专家的水平，因此，代理人可能对发明的理解有不到位之处，或者代理人在进行发明点扩展后概括了新的技术方案，这种情况下必须要让发明人从技术的角度把握申请文件中对技术方案的理解和描述是否准确；同时，进一步地审核发明人希望获得保护的关键内容是否在专利申请文件中获得了保护。因此，在递交申请文件之前，发明人必须对代理人撰写的专利申请文件进行审核。

发明人应该重点审核申请文件的哪些内容？

在审核专利申请文件过程中，发明人需要重点审核权利要求书和说明书中描述的技术方案是否正确、完整。

专利申请文件质量的好坏将直接影响到专利申请能否获得授权以及后续专利的价值，图5-6是申请文件审核工作流程图，在发明人进行申请文件审核的环节中，作为最了解发明初衷和发明内容的人员，在审核专利申请文件时，应从技术的角度重点审核两方面的内容：第一，确保专利代理人在专利申请文件中对技术的理解和描述准确无误。第二，确保希望保护的关键技术内容在权利要求书中有清楚、具体、完整的描述。

1.说明书的审核

审核顺序：说明书附图→具体实施方式→发明内容

审核说明书时，建议发明人先审核申请文件最后部分的说明书附图，其表现形式可以是业务流程图、系统或设备的组成结构图等，由于说明书附图一般是代理人根据对交底书的理解制作的图，用来表达发明整体技术方案和每个技术特征，因此查看说明书附图可以最直观、快速地了解代理人是否准确地理解了发明内容。若发现说明书附图中有与交底书技术方案不符的地方，发明人应尽快向代理人反馈修改意见，以使代理人尽快修改申请文件。

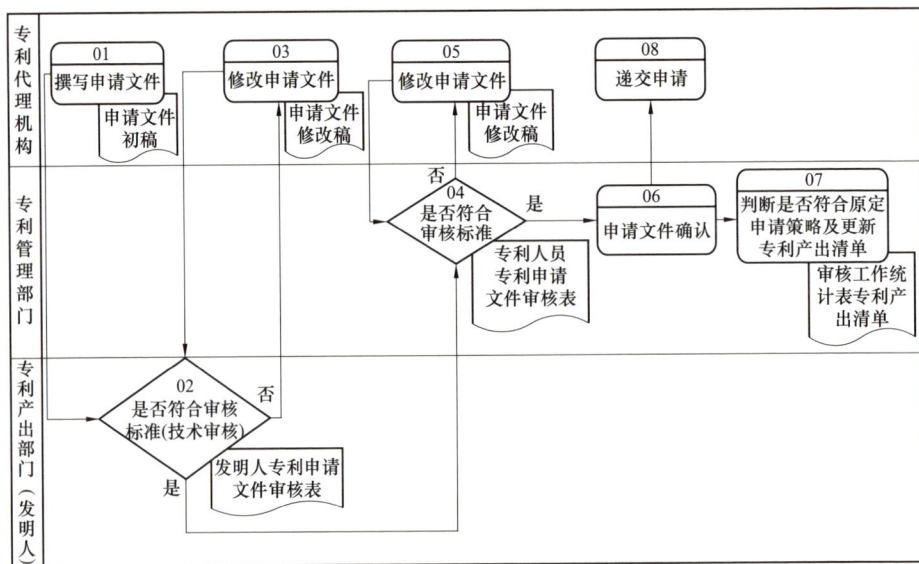

图5-6　申请文件审核工作流程图

当发明人查看说明书附图确认所有附图表达的技术方案无误后，可以进一步开始审核说明书中描述详细方案的部分——具体实施方式部分。这部分对于充分公开、理解和实现本发明极为重要。审核具体实施方式部分时，发明人应重点审核以下内容：

（1）具体实施方式部分是否正确描述了发明人想要保护的技术方案？

具体实施方式部分是由代理人根据发明人提供的交底书的内容来撰写的，除语言描述方式上的差异外，其记载的技术方案实质应与交底书一致。但由于代理人对技术方案的理解可能存在一定偏差，难免会有一些技术上需要修正的地方，例如，发明方案中流程的执行顺序是否正确、步骤是否有遗漏、根据方法流程对应写装置时对各单元执行的功能划分是否正确等，这些都需要发明人仔细阅读具体实施方式部分记载的内容，保证发明人真正想保护的技术方案在具体实施方式部分有清楚、具体、完整的描述。

需要注意的是，申请保护的方案是否很容易被他人绕过，也就是说，是否存在替代方案，如果存在这样的替代方案，发明人也应该将这些替代方案告诉代理人，使其将这些替代方案也写入申请文件中。

（2）根据具体实施方式部分的描述，同行能否实现本发明的技术方案？

由于具体实施方式部分公开的详细程度以同行能够实现方案为准，若公开不充分则会被审查员驳回。因此，具体实施方式部分对发明技术方案的详细说明，目的是使技术方案的每个组成部分或每个方法步骤具体化，从而使发明技术方案的可实施性得到充分支持。一般来说，具体实施方式部分应该至少描述一个最佳实施例，完整地公开对于理解和实现发明所必不可少的技术内容，使同行们按照实施例记载的内容，能够实现该发明方案，解决技术问题并产生预期技术效果。

在对说明书附图和具体实施方式部分审核确认无误后，发明人可以进一步审核发明内容部分。这部分需要重点审核以下两方面内容：

（1）本发明所要解决的技术问题是否定位正确？

本发明所要解决的技术问题，是根据背景技术部分对现有技术缺点的描述推导出来的，表明本发明所要完成的任务或者要实现的目标。在审核这部分内容时，应充分重视，审核技术问题是否是本发明技术方案能够解决的问题。需要注意的是，如果需要解决的技术问题有多个，则应该从中确定出一个最基本的技术问题。

（2）是否结合本发明技术方案对本发明的有益效果做了客观、准确的描述？

在审核该部分内容时，发明人应注意代理人是否结合了发明技术方案的技术特征对有益效果进行了说明，即具体说明因为本发明采用了哪些技术手段而带来了相应的技术效果，而非简单地讲述技术效果本身。

2. 权利要求书的审核

权利要求书在专利申请文件中占有十分重要的地位，它用于确定专利权的保护范围——也就是专利权人的权益范围。专利申请的技术方案是否具备新颖性和创造性，以及判定是否侵犯专利权，都取决于权利要求书的内容，而不是说明书。

为了使自己真正想要保护的技术方案切实得到专利法的保护，发明人在审核权利要求书时应重点审核以下内容：

（1）各项权利要求中，技术方案描述是否准确？

对于独立权利要求，发明人应首先确保代理人撰写的独立权利要求的技术方案准确、清楚，并进一步审核权利要求书中每一项从属权利要求对技术方案的描述是否准确，尤其是涉及代理人对多个实施例进行抽象概括后的表述是否准确。

比如，权利要求 1 要求保护的是一种插接组合式地板，有相互拼对的板条，其特征在于，板条上设有凹槽和突出部。显然，该权利要求是不够清楚的，没有给出板条上凹槽和突出部的位置以及它们之间的连接关系，也就是说，发明人的核心技术方案并没有在该权利要求中体现，这样一来，发明人最想保护的技术方案就无法得到保护。相关人员审核这件申请文件时发现了这个问题，及时通知代理人修改了权利要求，纠正了这个问题。将权利要求1的描述修改为：

一种插接组合式地板，由相互拼对的板条组成，其特征在于，在板条的一侧沿板条长度方向开设有凹槽，在另一个板条的与上述凹槽相邻的一侧设有突出部，该突出部与上述凹槽相嵌合。

再比如，发明人在交底书中记载了螺接、焊接、铆接等连接方式，若代理人在权利要求中也仅将连接方式限定于这几种方式，则保护范围过小，应在权利要求中用"定位连接"来概括，从而使保护范围不仅仅局限于交底书中公开的这几种连接方式。但是，如果在交底书中仅仅公开了螺接这一种连接方式，在权利要求中一般就不能用"定位连接"来概括。也就是说，说明书记载的实施方式越多，权利要求的保护范围就相对越宽。

（2）每个关键欲保护点，是否明确获得了保护，即分别在权利要求中有所描述？

对于发明人希望保护的每个关键欲保护点，需要确定是否在权利要求中有清楚无误的描述。如果权利要求书中对关键欲保护点有遗漏，发明人应当提醒代理人进行补充。

比如，交底书中既记载了外墙外保温材料的结构特征又有外墙外保温的施工工艺，而在权利要求书中只对外保温材料这个产品进行了保护，那么就应该提醒代理人补充外墙外保温的施工方法的独权。

完全看不懂代理人撰写的申请文件怎么办？

专利申请文件的特殊之处，在于它既是科技文献，又是法律文献，所以它比一般的学术论文和法律文书在行文上都要更拗口一些。很多发明人在收到代理人撰写的申请文件以后，刚开始阅读时可能都会有一种"这还是我的方案吗"之类的疑惑感。这种情况下，建议发明人先不要看权利要求书，而是结合说明书附图从说明书的具体实施方式部分看起。

　　说明书的具体实施方式部分是由代理人根据发明人提供的交底书中的内容来撰写的，除语言描述方式上的差异外，其记载的技术方案实质应与交底书一致。但由于代理人对技术方案的理解可能存在一定偏差，因此难免会有一些技术上需要修正的地方，这些都需要发明人仔细阅读具体实施方式部分记载的内容，保证发明人真正想保护的技术方案在具体实施方式部分有清楚、具体、完整的描述。

　　在确定发明的所有实施方案都在具体实施方式部分得到清楚、具体、完整的描述之后，接下来就需要看权利要求书了，也就是最晦涩难懂的部分，其实，权利要求书的撰写才是最考验代理人对方案理解、以及整体逻辑布局的地方，要做到覆盖范围广、方案描述完整、技术特征新，是很不容易的，需要对本领域常用技术有清晰的了解、足够的信息概况能力、绝对严谨的逻辑思维才可以做到。

　　若发明人看不懂代理人撰写的权利要求书，可采用与代理人沟通的方式，让代理人讲一下各独立权利要求布局时的考虑，以及各个权利要求限定的技术方案是什么。专利申请文件的写法是采用分步限定技术，各个权利要求的保护范围是各有重点，说明书则对权利要求进行解释和支持。发明人在审核时需要重点审核独立权利要求中是否缺少体现发明点的必要技术特征，是否写入了过多的技术特征导致其保护范围过小，独立权利要求是否对特征进行了必要的上位概括，从属权利要求的引用关系是否合理等。

申请文件与交底书雷同怎么办？如何把关代理人撰写的申请文件的质量？

　　专利申请文件的撰写质量能够决定一个专利的命运。所谓申请文件质量高，是指一个申请文件表述的技术方案具有较强的有效性，从另一个角度说是具有较少的撰写损失。因此，在申请人进行文件审核时如果能够尽可能发现申请文件的不当之处，就可以提高申请文件的质量。

　　高质量申请文件有四个明显的特征：

　　（1）主题抓得准。

　　（2）权利要求、说明书清楚。

　　（3）说明书公开充分。

　　（4）权利要求层次分明、保护范围适当。

　　只有在撰写阶段充分认识现有技术和本发明技术方案的基础上，充分考虑审查、无效、甚至诉讼阶段可能出现的问题，才有可能撰写出具有上述特征的申请文件。一般认为申请文件的撰写依赖代理人技术能力、法律修养和基本素质三方面的要素。技术能力能够影响代理人与发明人的交流质量，从而影响技术方案的挖掘是否充分以及对技术方案的再创造程度。法律修养主要指专利法修养，决定了代理人是否能够将一个技术方案按照法律的要求恰当地撰写出来，并且这种撰写充分考虑到了审查阶段和可能出现的无效、诉讼阶段出现的问题。基本素质能够决定撰写效率、减少撰写损失的程度等。

若代理人撰写出的申请文件与交底书基本一致，那千万不要认为是代理人撰写水平高，通常这种情况代表着代理人的撰写水平存在问题，这样的申请文件如果递交大概率会存在保护范围狭窄，方案公开不充分等问题。这种情况下，有两种解决方式，要么让代理人重新概括权利要求，重新组织专利实施例，对专利申请文件进行"大手术"；要么更换代理人，重新根据交底书进行申请文件的撰写。对修改或重新撰写后形成的专利申请文件应按照前述审核过程重新进行审核。

🔍 想要保护的方案没有写在权利要求书中，应当怎么做？

专利的保护范围是由权利要求书决定的，在撰写专利申请文件时需要将能够解决本发明的技术问题的最必要的技术特征集写入独立权利要求中。

发明人在审核申请文件时，需要重点看自己想要保护的技术方案是否包含在权利要求书当中，通常而言，由于代理人会对技术方案进行概括及上位，因此，发明人想要保护的方案一般不会出现在独立权利要求中，而是出现在靠后的从属权利要求中。若发明人想要保护的方案的特征未在权利要求书中出现，则可能是代理人对技术方案的理解出现了偏差，这时，发明人需要主动与代理人进行沟通，讨论解决发明创造涉及的技术问题的必要技术特征以及附加技术特征，根据讨论结果修改权利要求书。

在专利代理人撰写申请文件以及发明人审核专利申请文件的过程中，代理人与发明人会多次交互意见、讨论技术方案。只有当代理人清楚、准确地理解发明的技术思想及具体方案后，才有可能撰写出高质量的申请文件，并准确地对发明技术方案进行保护。

因此，在与代理人交流的过程中，考虑到代理人并不是技术专家，发明人应耐心回答发明人提出的各种技术问题。而为了提高与代理人沟通的效率、加快撰写申请文件的速率尽早递交申请文件，建议发明人多使用电话交流的方式，以便及时回答代理人提出的各种问题。

第三节

典型案例

通过本章前两节的学习，我们已经对申请文件有了一定的了解。本节将以两个具体的案例来介绍申请文件的审核过程。为了更好地进行说明，本节将提供反面的案例5-1和正面的案例5-2。

案例5-1

回忆一下第三章第三节中提供的典型案例"一种阻止锂离子电池热失控传播的防护装置及方法"的交底书。作为这个方案的发明人，我们撰写了第三章第三节中那样一篇非常棒的交底书提供给代理人。

经过代理人一段时间的撰写后，我们收到了申请文件初稿，由于这个发明是呕心沥血想到的，所以我们要认真审核。

第一步，审核方案是否准确，核心发明点有没有偏差。

在这一步时，通常需要通读整个申请文件，主要审核两个部分：第一个是审核权利要求书中的各项权利要求是否准确、清楚、完整地表达了想要保护的方案；尤其是独立权利要求中保护的方案是不是最核心的方案；第二个是审核说明书的发明内容部分是否准确记载了本发明想要解决的技术问题、采用的技术方案，并合乎逻辑地阐述本发明达到的技术效果。这两个部分结合起来看，通常能够看出代理人是否准确地理解了本发明，以及是否抓住了本发明最核心的发明点。

权利要求书

1. 一种锂离子电池防护件，所述电池为单个电池或电池组，其特征在于，所述防护件由隔热单元组成，所述隔热单元包括两端开口的长方体，所述长方体相对的侧壁内平行设有与该单元的轴向平行的凹形通道，所述凹型通道垂直贯通于所述侧壁垂直的壁；所述隔热单元的壁为叠层结构，所述叠层包括外层、中间层和内层，所述外层为隔温板，所述中间层为阻燃板，所述阻燃板为直径小于等于5.5mm的聚乙烯醇颗粒、高岭土和氧化石墨加热溶化后压制而成的板。

2. 根据权利要求1所述的防护件，其特征在于，所述隔热单元设有温度报警器用于达到阈值温度时报警。

3. 根据权利要求1所述的防护件，其特征在于，所述内层为浇注框，所述浇注框由阻燃材料制得，所述阻燃材料由重量份计的下述成分组成：阻燃材料载体40~70份、填充剂20~30份、阻燃剂20~40份、其他添加剂5~10份。

4. 根据权利要求3所述的防护件，其特征在于，所述阻燃材料载体为聚丙烯；所述填充剂为碳酸镁；所述阻燃剂为氢氧化铝、氢氧化镁、三氧化二锑、TCPP、十溴二苯乙烷、六溴环十二烷中的一种或几种；所述其他添加剂为玻璃纤维。

说明书

一种锂离子电池防护件

技术领域

本发明涉及一种电池防护件，具体涉及一种锂离子电池防护件。

背景技术

广泛应用的锂离子电池时有发生火灾的事故，引发相关产品的大规模召回，给用户带来安全隐患、给锂离子电池有关的企业、行业均带来了重大的直接经济损失。

某些滥用条件下（如过充、高温、短路等）锂离子电池容易发生热失控，此过程中电池的内部和表面温度会骤然上升至几百度，电池以燃烧或爆炸的形式完成能量的释放，最终电池结构被破坏、电性能丧失。现阶段，锂离子电池大量应用于电动汽车或储能领域，使得锂离子电池常常以电池组或电池模块的形式应用于所属领域内，单体电池产生的燃烧或爆炸现象常常也会使其周围的电池受到影响，某块单体电池热失控可能引发其周围多块电池同样发生燃烧爆炸现象，甚至导致整个电池组或模块的大规模热失控及安全事故的发生。

单体电池的热失控不可避免时，应采取一切措施阻止锂离子电池热失控出现连锁反应。现在一般将由外界激励（充电、针刺、加热等）发生爆炸的电池称为主动电池（Initiative Battery, IB），将由主动电池爆炸引起的发生爆炸或损坏的电池成为被动电池（Passive Battery, PB）。

锂离子电池发生热失控时，会释放出大量热量，常常伴随着燃烧或爆炸现象。阻燃材料不仅能够阻断电池热失控时释放出的热量，防止电池将过高的温度传播给周围的其他电池；而且还能够抑制火焰的传播，极大地降低或控制了由燃烧带来的一系列安全事故；同时，通过合理的布置，一定形状和数量的阻燃材料还能够衰减电池爆炸时带来的能量冲击，最大限度地保护周围电池以及相关人员设备的安全。

现有的锂离子电池的阻燃材料多以涂覆的方式涂覆在锂离子电池内部的正负极极片、隔膜上，这种方法虽然能对锂离子电池的起火燃烧起到部分的减缓或遏制作用，但由于布置于电池内部有限的空间内，阻燃材料的形状和质量都受到影响，一般涂覆层厚度仅为$0.5 \sim 10 \mu m$，导致阻燃效果并不理想，同时，由于阻燃涂层涂覆与电池正负极片或隔膜上，势必会对电池本身容量、功率性能或其他电学性能造成影响。此外，还有将阻燃剂作为添加剂添加到锂离子电池的电解液中的方法，以控制或阻断锂离子电池热失控时产生的火焰，此方法同样将阻燃材料设于电池内部，降低了阻燃效果且不利于电池电解液的离子电导，从而导致电池电学性能的下降。此外，还有将锂离子电池封装于密闭的刚性腔体中，内部通入惰性气体的方法，这种方法虽然能够有效遏制锂离子电池热失控的传播，但对腔体的强度和密封性能要求都较高，且沉重的刚性外壳、繁琐的过程以及较高的成本构成了这种方法的推广和使用的瓶颈。

因此，需要提供一种技术方案来克服现有技术的不足。

发明内容

为保证电池系统安全稳定运行，当个别单体电池出现安全问题导致发生燃烧爆炸等极端现象时，应采取措施阻止电池安全事故的扩大，防止热失控连锁反应的发生。

本发明提出了一种防止锂离子电池热失控传播的防护件，所述电池为单个电池或电池组，其改进之处在于，所述防护件由隔热单元组成，所述隔热单元包括两端开口的长方体，所述长方体相对的侧壁内平行设有与该单元的轴向平行的凹形通道，所述凹型通道垂直贯通于所述侧壁垂直的壁，所述隔热单元的壁为叠层结构，所述叠层包括外层、中间层和内层，所述外层为隔温板，所述中间层为阻燃板，所述阻燃板为直径小于等于5.5mm的聚乙烯醇颗粒、高岭土和氧化石墨加热溶化后压制而成的板。

……

和最接近的现有技术比，本发明提供的技术方案具有以下优异效果：

1.防护件由隔热单元组成，可以根据实际使用需要对隔热单元任意组合使用，充分利用了阻燃材料的阻燃隔热特性以及密度小、质量轻等优点设计了一种有效阻止锂离子电池热失控传播的阻燃结构。

2.隔热单元侧壁为叠层结构，提高了防护件的安全性能，尤其是内层阻燃结构制备过程采用浇铸的方式，保证阻燃材料能够以特性的形状和结构出现，充分发挥阻燃隔热特性。同时，浇铸方法简单易行，便于实现。

3.内层阻燃浇注框制备所用模具围板上焊接有钢条，使得内层结构与电池接触部分为特殊的凹凸不平型，这种结构不仅保证了电池发生热失控时周围的阻燃材料能够有效地阻隔和削弱热量，更为重要的是，保证电池在正常工作过程中产生的热量能及时通过空气对流的方式消散。

附图说明

附图1　隔热单元结构示意图；

附图2　锂离子电池防护件的结构识图；

附图3　锂离子电池防护件内层浇注框制备模具结构示意图；

附图4　围板与钢条布置间距及方式图；

附图5　模具底板结构及电池模具细节图；

附图6　防护件与锂离子电池配合情况示意图。

附图标记说明：

1—通道；2—侧壁；3—电池槽；4—围板；5—底板；6—电池模具；7—螺栓；8—螺母；9—钢条；10—支撑柱。

具体实施方式

为使本发明实施例的目的、技术方案和优点更加清楚，下面结合本发明实施例中的附图，对本发明实施例中的技术方案进行清楚、完整地描述，显然，所描述的实施例是本发明中一部分实施例，而不是全部的实施例。基于本发明中的实施例，本领域普通技术人员在没有付出创造性劳动的前提下获得的所有其他实施例，都属于本发明的保护范围。下面结合附图对本发明提供的技术方案做详细说明。

实施例一：

附图1和附图2，为本发明提供的一种阻止锂离子电池热失控传播的隔热单元及其组成的防护件的结构示意图，防护件可以由一个或多个隔热单元组成，组合方式可根据实际需要自行确定，隔热单元为长方体形，长方体为一组平行面开口形的长方体框架，长方体相对的一组侧壁内平行设有与隔热单元的轴向平行的凹形通道1，凹型通道1垂直贯通于长方体设有凹形通道的侧壁垂直的壁；长方体的侧臂为叠层结构，叠层结构包括外层、中间层和内层，其中外层为隔温板、中间层为阻燃板，内层为浇注框。

隔热单元设有温度报警器用于达到阈值温度时报警，通道1位于隔热单元叠层结构壁内层，即浇注框的一组平行内壁上，且垂直贯通于其所在内壁垂直的另一组侧壁，通道1的横截面为圆弧形、V形或凹形。

中间层阻燃板为直径小于等于5.5mm的聚乙烯醇颗粒、高岭土和氧化石墨加热溶化后压制而成的板。

内层浇注框由阻燃材料制得，阻燃材料由重量份计的下述成分组成：阻燃材料载体40~70份、填充剂20~30份、阻燃剂20~40份、其他添加剂5~10份。

优选为阻燃材料由重量份计的下述成分组成：阻燃材料载体40份、填充剂25份、阻燃剂30份、其他添加剂5份。

阻燃材料载体为聚丙烯；填充剂为碳酸镁；阻燃剂为氢氧化铝、氢氧化镁、三氧化二锑、TCPP、十溴二苯乙烷、六溴环十二烷中的一种或几种；所述其他添加剂为玻璃纤维。

实施例二：

附图3为锂离子电池防护件内层浇注框制备模具结构示意图，模具由不锈钢或其他熔点高于500℃的金属或其合金制得，包括四个围板4、垂直于围板4的底板5、电池模具6以及四周所用螺栓7和螺母8。

……

本发明利用阻燃材料的阻燃隔热特性，对防护件内层采用浇铸的方法将其以特定形状和质量布置于电池周围，保障电池在发生热失控时不会引起其他电池出现连锁反应，扩大安全事故。同时，在阻燃隔热的同时又以特殊的设计保证了电池在正常使用过程中的散热和热量管理问题。

最后应当说明的是以上实施例仅用以说明本申请的技术方案而非对其保护范围的限制，尽管参照上述实施例对本申请进行了详细的说明，所属领域的普通技术人员应当理解本领域技术人员阅读本申请后依然可以对申请的具体实施方式进行种种变更、修改或者等同替换，但这些变更、修改或者等同替换均在申请待批的权利要求保护范围之内。

审核完上面的部分之后，我们认为，总体来说，独立权利要求中的方案确实是本发明的核心点，代理人对技术问题、技术效果的阐述也是到位的，所以我们继续下一步。

第二步，审核保护范围是否恰当。

这一步通常是针对独立权利要求进行审核。我们知道，权利要求中，保护范围最大的是独立权利要求，而独立权利要求的保护范围由技术特征来决定。通常来说，技术特征越多则保护范围越小。我们当然想要更大的保护范围，因此，除了必要技术特征之外，独立权利要求中不要记载任何的非必要技术特征。

1. 一种锂离子电池防护件，所述电池为单个电池或电池组，其特征在于，所述防护件由隔热单元组成，所述隔热单元包括两端开口的长方体，所述长方体相对的侧壁内平行设有与该单元的轴向平行的凹形通道，所述凹型通道垂直贯通于所述侧壁垂直的壁，<u>所述隔热单元的壁为叠层结构，所述叠层包括外层、中间层和内层，所述外层为隔温板，所述中间层为阻燃板，所述阻燃板为直径小于等于5.5mm的聚乙烯醇颗粒、高岭土和氧化石墨加热溶化后压制而成的板。</u>

......

再次阅读独立权利要求1后，我们可以发现，隔热单元壁的具体结构以及外层、中间层的具体材质都不是必要的，初稿中放在从属权中会导致保护范围被无谓缩小；因此建议代理人把带下划线的技术特征从权利要求1中删除，改为放到从属权利要求中。

第三步，审核是否保护了所有的欲保护点。

阅读第一步中示出的权利要求书之后，我们发现，目前的权利要求书中的权利要求1~6均是防护件权项，而没有模具和制造方法权项；也就是说，目前的申请文件只对锂离子电池防护件进行了保护；而对于交底书中提供的用于制造该防护件的模具以及防护件的制造方法均没有保护。进一步阅读说明书可以发现，模具和防护件的制造方法均已经在说明书中被公开；也就是说，模具和制造方法将被公开而未得到保护。

因此，我们要求代理人在权利要求中对模具结构和防护件的制造方法均进行保护。经过与代理人沟通后，代理人根据我们的意见对申请文件进行了修改，修改稿如下：

权利要求书

权1保护范围恰当

1. 一种电池热失控防护件，所述电池为单个电池或电池组，其特征在于，所述防护件包括隔热单元，所述隔热单元包括两端开口的长方体，所述长方体相对的内壁平行设有与该单元的轴向平行的通道，所述通道垂直贯通端部垂直的壁。

2. 根据权利要求1所述的防护件，其特征在于，所述隔热单元设有温度报警器用于达到阈值温度时报警。

3. 根据权利要求1所述的防护件，其特征在于，所述通道横截面为圆弧形、V形或凹形。

4. 根据权利要求1所述的防护件，其特征在于，所述隔热单元的壁包括外层、中间层和内层。

5. 根据权利要求4所述的防护件，其特征在于，所述外层为隔温板，所述中间层为阻燃层，所述阻燃层为直径小于等于5.5mm的聚乙烯醇颗粒、高岭土和氧化石墨加热溶化后压制而成的板。

6. 根据权利要求4所述的防护件，其特征在于，所述内层为浇注框，所述浇注框由阻燃材料制得，所述阻燃材料包括按重量份计的下述成分：阻燃材料载体40～70份、填充剂20～30份、阻燃剂20～40份和添加剂5～10份。

7. 根据权利要求6所述的防护件，其特征在于，所述阻燃材料载体包括聚丙烯；所述填充剂包括碳酸镁；所述阻燃剂为从氢氧化铝、氢氧化镁、三氧化二锑、TCPP、十溴二苯乙烷和六溴环十二烷中选出的一种或几种；所述其他添加剂为玻璃纤维。

8. 根据权利要求1所述的防护件，其特征在于，所述隔热单元为放置锂离子电池的单元。

9. 根据权利要求1所述的防护件的制备方法，其特征在于，所述方法包括：

步骤一：组装模具；

步骤二：制备阻燃材料，将阻燃材料注入模具；

步骤三：冷却脱模；

步骤四：将浇注成型的框与阻燃板压制成形。

> 对制备方法进行了保护

10. 根据权利要求9所述的防护件的制备方法，其特征在于，所述模具包括围板、底板和电池模型，其中，所述电池模型尺寸大于或等于电池大小；

所述步骤二包括：将阻燃材料加热至260℃，分3~5次注入，每次注入2分钟，注入间的时间间隔30分钟；

所述步骤三包括：将浇铸的模具及阻燃材料冷却至室温，待阻燃材料成型后脱去模具，拆出围板、电池模型和底板。

> 对模具进行了保护

11. 一种制备权利要求1所述防护件的模具，其特征在于，所述模具包括上端开口的外壳以及置于外壳底板上电池模型，构成所述外壳侧壁的四块围板中至少有一个围板采用钢条与钢板焊接而成，所述外壳底板包括两层钢板以及设于钢板间的支撑柱。

12. 根据权利要求11所述的模具，所述四个围板通过连接件活动连接。

13. 根据权利要求11所述的模具，所述电池模型为与所述底板相互独立设置的刚性件。

14. 根据权利要求11所述的模具，所述底板和四个围板的内壁均为粗糙度Ra小于0.8μm的抛光面。

说明书（略）。

对修改稿再次详细阅读后，可以看出，基本上已经对我们的方案进行了准确、全面的保护并且保护范围恰当，可以确认递交。

案例5-2

本部分将以申请号为"CN201310170793.7"，发明名称为"隔板、其制造方法、及包括其的可再充电锂电池"的专利申请文件作为案例，对申请文件审核的各个方面进行介绍。限于篇幅原因，本书中仅提供部分节选，有兴趣的读者可以登录专利检索网站查看全文。

权利要求书

权1对本方案最核心的点进行了准确描述，且保护范围适当

1. 用于锂电池的隔板，包括多孔基材和在所述多孔基材的至少一侧上的涂层，所述涂层具有与所述多孔基材相邻的第一侧以及与所述第一侧相反的第二侧，所述涂层包括无机化合物和聚合物黏结剂，其中在所述第二侧处的所述聚合物黏结剂的量大于在所述第一侧处的所述聚合物黏结剂的量。

权2-17作为权1的从属权利要求，方案描述准确、且保护范围层层递进

2. 权利要求1的隔板，其中所述聚合物黏结剂包括第一聚合物黏结剂和第二聚合物黏结剂，并且所述第一聚合物黏结剂具有与所述第二聚合物黏结剂不同的平均粒径。

3. 权利要求2的隔板，其中所述第一聚合物黏结剂具有第一平均粒径和所述第二聚合物黏结剂具有第二平均粒径，所述第二平均粒径小于或等于所述第一平均粒径的80%。

……

16. 权利要求15的隔板，其中所述无机化合物选自由如下组成的组：Al_2O_3、

SiO_2、TiO_2、SnO_2、CeO_2、MgO、NiO、CaO、ZnO、ZrO_2、Y_2O_3、$SrTiO_3$、$BaTiO_3$、Mg（OH）$_2$、MgF及其组合。

17. 权利要求1的隔板，其中所述无机化合物具有1~800nm的粒径。

18. 可再充电锂电池，包括包含正极活性物质的正极、包含负极活性物质的负极和在所述正极和所述负极之间的权利要求1~17中任一项的隔板。

19. 形成用于锂电池的隔板的方法，所述方法包括将无机化合物、聚合物黏结剂和任选的溶剂混合以形成浆料；将所述浆料施加至多孔基材的至少一侧和以30%~70%/分钟的速率干燥所述浆料以形成涂层，其中30%~70%/分钟的 速率指的是每分钟使所述浆料中的溶剂的30%~70%干燥的速度，所述涂层具有与所述多孔基材相邻的第一侧以及与所述第一侧相反的第二侧，并且在所 述第二侧处的所述聚合物黏结剂的量大于在所述第一侧处的所述聚合物黏结剂的量。

……

权18对包括该隔板的锂电池进行了保护

权19对隔板的制造方法进行了保护

说明书

隔板、其制造方法及包括其的可再充电锂电池

技术领域

本公开内容涉及隔板（separator）、其制造方法以及包括其的可再充电锂电池。

背景技术

非水可再充电锂电池包括位于正极和负极之间的由多孔绝缘膜制成的隔板。所述膜的孔被包含溶解在其中的锂盐的电解质浸渍。通常，非水可再充电锂电池具有高容量和高能量密度。

然而，当可再充电锂电池的正极和负极在充电和放电循环期间反复收缩和膨胀时，或者当放出的热量由于电池的异常运行而变高时，电池温度可突然升高。在此情况下，隔板可突然收缩或破坏，并且可发生电极的短路。

因此，已经提出将耐热无机颗粒连同黏结剂一起涂布在隔板的至少一侧上，以改善电池稳定性。然而，当耐热无机颗粒的量变大时，包含了更少的黏结剂，从而使隔板对电极的附着力（adhesion）恶化。

发明内容

本发明的实施方式涉及隔板，其具有改善的对电极的附着力，从而改善电池的稳定性。

……

背景技术部分简要地描述了本专利的技术背景及目前解决相关问题的现有方案

发明内容部分提供了本申请能够解决的技术问题和达到的技术效果

本发明的实施方式提供隔板，其对电极具有较好的附着力，从而改善所得电池的特性和稳定性。

附图说明

附图1　根据一个实施方式的用于可再充电锂电池的隔板的示意性截面图；

附图2　附图1的隔板的涂层的特写（close-up）图；

附图3　通过根据本发明实施方式的方法制造的涂层的示意图；

附图4　通过根据本发明实施方式的方法制造的涂层的示意图；

附图5　根据一个实施方式的可再充电锂电池的透视图，其中将所述电池的一部分分解出来以显示各种部件；

附图6　实施例2的隔板的扫描电子显微镜（SEM）照片；

附图7　实施例2的隔板上的涂层的表面的SEM照片；

附图8　对比例3的隔板上的涂层的表面的SEM照片；

附图9　在根据实施例2的隔板的涂层的截面处氟的能量色散X-射线光谱法图谱分析（mapping analysis）。

具体实施方式

下文中将更充分地描述本发明，其中展示和描述了本发明的示例性实施方式。如本领域技术人员将认识到的，所描述的实施方式可以各种不同方式改变，全部不背离本发明的精神或范围。

下文中，参照附图，描述根据一个实施方式的用于可再充电锂电池的隔板。附图1为根据一个实施方式的用于可再充电锂电池的隔板的截面图。

隔板13包括多孔基材23和设置在多孔基材23的一侧或两侧上的涂层33。

多孔基材23可包括玻璃纤维、聚酯、聚烯烃、聚四氟乙烯（PTFE）、或者其组合。所述聚烯烃可为聚乙烯、聚丙烯等。

多孔基材23可为单层或多层，例如混合多层。例如，混合多层多孔基材可为聚乙烯/聚丙烯双层基材、聚乙烯/聚丙烯/聚乙烯三层基材、聚丙烯/聚乙烯/聚丙烯三层基材等。

涂层33包括无机化合物和聚合物黏结剂。

所述无机化合物为能够改善耐热性的陶瓷材料，并且可包括，金属氧化物、半金属氧化物、金属氟化物、金属氢氧化物、或者其组合。示例性的无机化合物包括Al_2O_3、SiO_2、TiO_2、SnO_2、CeO_2、MgO、NiO、CaO、ZnO、ZrO_2、Y_2O_3、$SrTiO_3$、$BaTiO_3$、$Mg(OH)_2$及其组合。

> 具体实施方式部分结合多幅附图，对本专利的实施进行详细描述

所述无机化合物可改善所述涂层的耐热性并且因此可防止由于温度升高而引起的所述隔板的突然收缩或者变形（转变，transformation）。

所述无机化合物可为颗粒，并且可具有1~800nm的粒径。在一些实施方式中，所述粒径可为100~600nm。具有在上述范围内的粒径的无机化合物可赋予涂层33合适的强度。

所述聚合物黏结剂使所述无机化合物附着至多孔基材23并且可同时使在涂层33一侧处的多孔基材23附着至在所述涂层另一侧处的电极（未示出）。

在涂层33的表面处的所述聚合物黏结剂的量可大于在涂层33的与多孔基材23相邻的内部处的所述聚合物黏结剂的量。所述"涂层33的表面"可为与电极接触的部分。

附图2为附图1的隔板的涂层的放大图。

在附图2中，为了更好理解和便于描述，将涂层33中包括较多所述聚合物黏结剂的区域画上较深的阴影，而将涂层33中包括较少所述聚合物黏结剂的区域画上较浅的阴影。

参照附图2，与在涂层33的内部处相比，在涂层33的表面处包括更多的所述聚合物黏结剂。当与在涂层33的内部处相比，在涂层33的表面处包括更多的所述聚合物黏结剂时，所述隔板可更好地附着至电极。

因此，由于涂层33在表面处包括所述聚合物黏结剂且不降低所述涂层中所述无机化合物的总量，具有涂层33的隔板可良好地附着至电极。因此，涂层33可改善耐热性和附着力两者。

下文中，参照附图描述涂层33的形成方法。附图3和附图4是通过根据本发明实施方式的方法制造的涂层的视图。

根据涂层形成方法的一个实施方式并且参照附图3（以及附图1），将无机化合物（未示出）、具有第一平均粒径的第一聚合物黏结33a、和具有小于或等于所述第一平均粒径的约80%的第二平均粒径的第二聚合物黏结33b混合以形成浆料。然后可将所述浆料涂布在多孔基材23的一侧上。在一些实施方式中，第二聚合物黏结33b可具有小于或等于所述第一平均粒径的约50%的第二平均粒径。

在此，所述第一平均粒径可为约50~500nm和所述第二平均粒径可为约20~400nm。当所述第一和第二聚合物黏结剂具有在上述范围内的平均粒径时，聚合物乳液（例如，上述涂层浆料）可具有合适的黏度和充分的黏合性。

第一聚合物黏结33a是将所述无机化合物固定在多孔基材23上的主要聚合

物黏结剂和第二聚合物黏结剂33b是提高所述涂层的黏合性的辅助聚合物黏结剂。基于所述聚合物黏结剂的100重量份的总重量，可分别以约70～99重量份和约1～30重量份的量包括第一和第二聚合物黏结剂33a和33b。当在上述范围内包括第一和第二聚合物黏结剂33a和33b时，所述涂层可充分地附着至所述多孔基材。此外，当在上述范围内包括第一和第二聚合物黏结剂33a和33b时，所述涂层不具有过度的黏合性质（adhesive qualities），从而防止所述隔板由于在所述涂层表面处的过度黏性而粘在一起。

……

实用贴士

→ 专利权的保护范围以获得授权的专利申请文件中权利要求书所记载的保护范围为准，说明书只是用来解释权利要求。

→ 权利要求的保护范围过宽则可能无法获得授权，保护范围过窄则容易让侵权者轻易绕过，无法获得垄断市场的效果。

→ 若想要尽快取得授权，最常用的方式就是在申请专利的同时一并提交提前公开请求和实质审查请求，对于满足《专利优先审查管理办法》也可考虑通过专利申请优先通道实现尽快授权的目的。

→ 涉及配方、工艺方法、技术诀窍的发明创造更适合用技术秘密进行保护而不是申请专利，只有将技术秘密保护方案与专利保护方案结合起来才能组成有效的防火墙。

第六章

专利递交篇

——站上专利审查的起跑线

终于写完交底书和申请文件

获得官方认可的第一步

需要递交申请材料到专利主管部门

快来看看如何递交吧

第一节

审时度势
——申请文件正式递交前的审度与抉择

🔍 正式递交专利申请文件前需要确认哪些信息？

在专利申请文件审核完成后，就进入了专利申请文件递交环节，这个环节中需要发明人配合代理机构确认申请人信息、发明人信息、优先权信息（若有的话）、是否提前公开、是否提前提实质审查等信息，提供代理机构要求的信息后，代理机构就可以向知识产权局递交申请文件了。

🔍 什么是提前公开？什么情况下有必要这样做？

趣专利·猜一猜

正常而言，知识产权局收到发明专利申请后，经初步审查认为符合要求的，自申请日起满18个月公布。而知识产权局可以根据申请人的请求早日公布，这种根据申请人的请求早日进行专利公布的方式就是专利的提前公开。

从社会角度考虑，提前公开发明专利申请是十分有利的，这样做可以让社会及时了解技术的最新发展动态，避免重复投资，节省社会财富，加快和促进技术进步。从申请人角度考虑，提前公开发明专利申请既有利又有弊。

提前公开发明专利申请对申请人的"利"主要体现在：

一是可以缩短审批时间，早日获得专利权，因为根据专利法规定，只有在发明专利申请公布后，才能进入实审程序。

二是发明专利申请公布后，专利申请人即可以要求实施其发明的单位或者个人支付适当的费用，也就是获得所谓"临时保护"，虽然由于专利法没有对"临时保护"涉及的费用进行明确的规定，导致"临时保护"实际操作起来并非那么容易。但是，在申请专利的技术已经出于事实的公开状态的情况下，提前公开至少可以对社会公众，尤其是相关行业的竞争对手以警示作用。

三是由于抵触申请只能用于评价专利申请的新颖性，但不能用于评价专利申请的创造性。在此情况下，将专利申请提前公开可能会对竞争对手的在后专利申请的创造性产生有效的负面影响。

提前公开发明专利申请对申请人的"弊"主要体现在：

一是提前公开虽可早日获得"临时保护"，但在获得专利权之前，不能获得充分的、有效的法律保护。

二是专利申请技术一旦公开，就成为现有技术，申请人丧失了主动撤回专利申请的机会。

三是提前公开使竞争对手了解专利申请技术的时间提前，便于竞争对手更早地在此基础上进行创新，不利于专利申请人的竞争地位。

上述对专利申请中提前公开的利与弊进行了分析，那么，对于个案而言在申请专利时到底是否应该请求提前公开呢？

对于较为成熟的技术产品，应该在申请专利的同时请求提前公开。这样做的好处在于，第一，可以尽早获得临时保护，尽早地保护申请人的利益；第二，可以尽早获得授权，使申请人尽早地利用专利抢占市场。

而对于尚处在开发阶段的技术产品，由于此时的技术产品还不稳定，可能存在许多需要修改和完善的地方，而且这类技术产品代表了某个领域的技术发展方向，因此，这类技术产品在申请专利时可以不用请求提前公开。这样做的好处在于，第一，申请人在专利申请内容公开前可以随时撤回其申请，该申请仍然可以作为一项技术秘密由申请人拥有；第二，可以避免过早地暴露企业的技术动态。

🔍 什么是提前提出实质审查请求？什么时候有必要这样做？

申请人自申请之日起3年内均可提出实质审查请求，这个规定可以起到鼓励申请人早日提出发明申请的作用。一旦申请人根据其发明构思完成了技术方案，就可向国家知识产权局提出申请，此时只需缴纳申请费，然后可以在3年期限内进行调查研究，了解市场需求以及专利转让前景，判断该件发明专利申请的价值。如果该项发明确实能取得较大收益时就向国家知识产权局提出实质审查请求，缴纳实质审查费。如果发现该发明专利申请存在着无法挽回的缺陷或经济效益较差时，则可不再提出实质审查请求，从而省下实质审查费。

如果申请的技术比较成熟，能较早投入市场且比较容易被竞争对手仿制，则应当尽早提出实质审查请求，甚至可以在提出专利申请的同时就提出实质审查请求，因为越早提出实质审查请求，则越早进入实质审查程序，从而可以早日授予专利权。

如果对申请的技术的市场前景尚不清楚，或者该发明产品还要经过一段较长时间才有可能在市场上出现，则可以较晚提出实质审查请求，以便有足够的时间对市场需求和本发明的价值进行调查研究，在这之后再确定是否提出实质审查请求。

什么是保密审查？什么情况下需要这样做？

趣专利·学一学

保密审查是向外国申请专利时的必经步骤，也就是说，申请人需要先向知识产权局提出保密审查请求，在收到知识产权局"明显不需要保密，可以向外国申请专利"的决定后，才可以向外国申请专利。需要进行保密审查的专利仅限于在中国完成的"发明或实用新型"，不包括外观设计。

目前，保密审查可以通过以下三种方式完成：

（1）先完成在中国的专利申请，然后向外国申请，通常做法是在申请中国专利的同时提出保密审查请求；

（2）以知识产权局为受理局，直接提交PCT申请，这种情况视为同时提出了保密审查请求；

（3）申请人如果想直接向外国申请专利，需要单独提出保密审查请求。

想早点拿到授权通知书应该怎么做？

趣专利·测一测

根据专利类型的不同，其相应的审查周期也会有较大的差异，对于发明专利而言，其审查周期大概要3年左右，对于实用新型专利，其审查周期大概是1年左右，而对于外观设计专利，其审查周期大概是半年左右。当然这只是各种类型专利的平均审查时长，对于个案的审查周期，根据个案情况，也可能会跟上述平均审查时长存在一定的差异。

很多申请人在递交专利申请后，都希望递交的申请能够被尽快审查，从而早点儿拿到授权通知书，那除了上面提到的申请提前公开，申请提前实质审查的办法以外，有没有什么办法能够申请优先审查呢？

2017年8月1日起，知识产权局依据《专利优先审查管理办法》，对符合规定的发明、实用新型、外观设计专利申请提供了优先审查通道，其中包括以下六个方面的专利申请可以请求优先审查：

（1）涉及节能环保、新一代信息技术、生物、高端装备制造、新能源、新材料、新能源汽车、智能制造等国家重点发展产业。

（2）涉及各省级和设区的市级人民政府重点鼓励的产业。

（3）涉及互联网、大数据、云计算等领域且技术或者产品更新速度快。

（4）专利申请人或者复审请求人已经做好实施准备、已经开始实施、或者有证据证明他人正在实施其发明创造。

（5）就相同主题首次在中国提出专利申请又向其他国家或者地区提出申请的该中国首次申请。

（6）其他对国家利益或者公共利益具有重大意义需要优先审查。

如果是属于上述六个方面的专利申请，想要申请优先审查的话，应该满足哪些条件呢？

（1）请求优先审查的发明专利申请应当是电子申请。如果专利申请是纸件申请，则应当将纸件申请转成电子申请。

（2）对于发明专利申请人请求优先审查的，应当在提出实质审查请求、缴纳相应费用后具备开始实质审查的条件时提出；对于实用新型、外观设计专利申请人请求优先审查的，应当在申请人完成专利申请费缴纳后提出；对于专利复审和专利权无效宣告案件，在缴纳专利复审或专利权无效宣告请求费后至案件结案前，都可以提出优先审查请求。

（3）对专利申请提出优先审查请求，应当经全体申请人同意。

在提交优先审查时，除了《专利申请优先审查请求书》之外，还需要提供相关部门的推荐意见以及一些证明文件，具体的材料准备要求各地均有不同，可具体咨询专利代理机构协助办理。

第二节

万事俱备
——搞定专利递交这件事

递交国内申请需要准备哪些材料？

根据专利类型的不同，递交时需要的材料也不完全相同。不同类型专利需要准备的材料具体如表6-1所示。

表6-1　　　　　　　　　不同类型专利需要准备的材料

专利类型	请求书	权利要求书	说明书	说明书附图	摘要	摘要附图	照片或图片	简要说明
发明	√	√	√	可选	√	可选	—	—
实用新型	√	√	√	√	√	√	—	—
外观设计	√	—	—	—	—	—	√	√

请求书上需要填写相关的著录项目信息，例如，发明人信息、申请人信息、代理机构信息（如有）、联系人信息、优先权信息（如有）、分案信息（如有）、是否请求提前公开、是否提实审（发明）、是否提保密审查、申请文件清单、权利要求项数等。

发明专利书面申请请求书部分截图如图6-1所示。

发明和实用新型的申请文件包括权利要求书、说明书、说明书附图（发明可选）、摘要、摘要附图（可选）。外观设计的申请文件包括外观设计的图片或照片以及外观设计的简要说明，必要时可提交外观设计分类建议。

上述各类文件均需要按国家知识产权官方网站（http://www.sipo.gov.cn/bgxz/）上提供的标准模板填写。标准模板下载页面如图6-2所示。

发 明 专 利 请 求 书

以请按照“注意事项”正确填写本表各栏

				此框内容由国家知识产权局填写
⑦发明名称				①申请号 ②分案提交日
⑧发明人	发明人1		不公布姓名	③申请日
	发明人2		不公布姓名	④费减审批
	发明人3		不公布姓名	⑤向外申请审批
⑨第一发明人国籍或地区		居民身份证件号码		⑥挂号号码
⑩申请人	申请人(1)	姓名或名称		申请人类型
		居民身份证件号码或统一社会信用代码/组织机构代码 请求费减且已完成费减资格备案		电子邮箱
		国籍或注册国家（地区）		经常居所地或营业所所在地
		邮政编码	电话	
		省、自治区、直辖市		
		市县		
		城区（乡）、街道、门牌号		

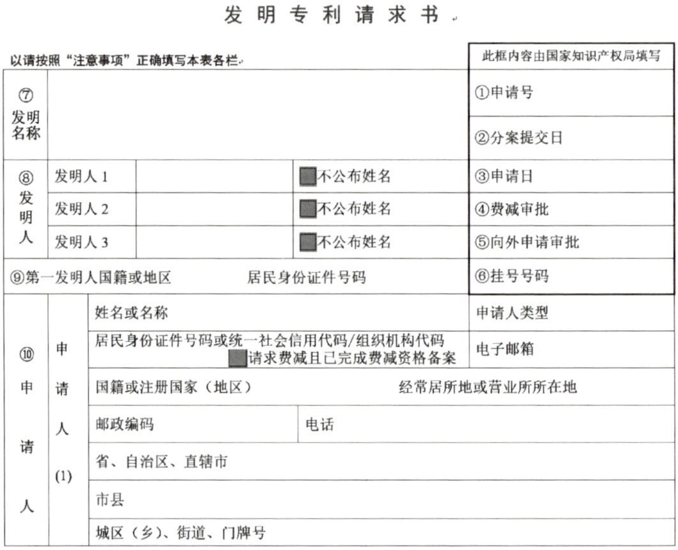

图6-1 发明专利书面申请请求书部分截图

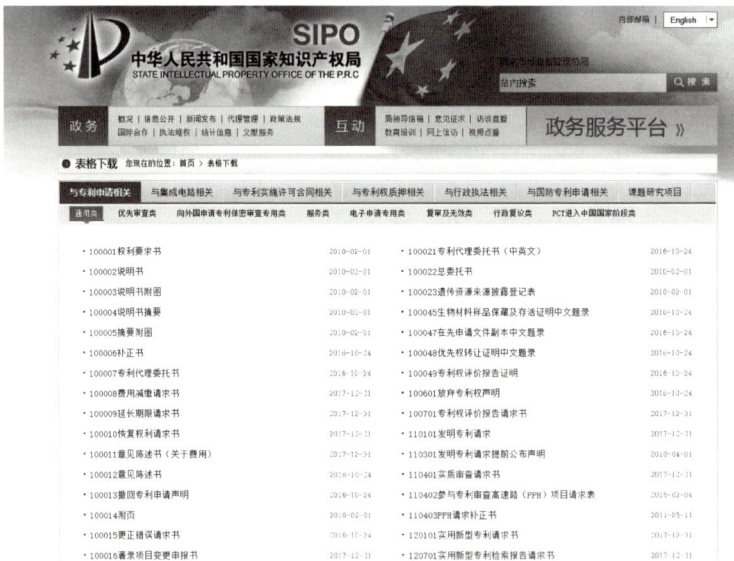

图6-2 国内专利申请通用模板下载页面截图

如何递交国内申请?

准备好相关材料后，就可以进行递交了。目前国内专利递交有两种方式：第一种是登录如图6-3所示的中国专利电子申请网（http://cponline.sipo.gov.

cn/）或者CPC客户端以电子文件的形式递交。当以电子形式申请专利时，应当事先办理电子申请用户注册手续，注册通过后，再登录提交申请文件及其他文件。

图6-3 中国专利电子申请网首页

第二种是书面形式递交。以书面形式申请专利的，有以下四种递交途径：

（1）将申请文件及其他文件当面交到国家知识产权局专利局的受理窗口；国家知识产权局专利局地址为：北京市海淀区蓟门桥西土城路6号。

（2）将申请文件及其他文件邮寄至"国家知识产权局专利局受理处"；国家知识产权局专利局受理处通信地址为：北京市海淀区蓟门桥西土城路6号；邮政编码：100088。

（3）将申请文件及其他文件当面交到设在地方的专利局代办处的受理窗口。目前专利局在北京、沈阳、济南、长沙、成都、南京、上海、广州、西安、武汉、郑州、天津、石家庄、哈尔滨、长春、昆明、贵阳、杭州、重庆、深圳、福州、南宁、乌鲁木齐、南昌、银川、合肥、苏州、海口、兰州、太原等城市设立有代办处。登陆国家知识产权局官方网站(http://www.sipo.gov.cn/zldbc/)可以查询专利局代办处地址。

（4）将申请文件及其他文件寄至"国家知识产权局专利局某代办处"。登陆国家知识产权局官方网站(http://www.sipo.gov.cn/zldbc/)可以查询专利局代办处通信地址。

递交海外申请需要准备哪些材料？

申请海外专利有两种途径，一种是巴黎公约，适用于发明、实用新型和外观设计进行海外专利申请。另一种是专利合作条约，即PCT途径，适用于发明、实用新型进行体系外专利申请。发明和实用新型目前较多采用PCT途径进行海外申请。

PCT途径申请分为国际阶段和国家阶段。国际阶段包括PCT申请递交、国际阶段检索、国际公布以及初步审查程序（可选）。申请人在首次提交专利申请之后的30个月内办理进国家手续后，该专利进入国家阶段，国家阶段将由所进入国家/地区的国家局按照各国/地区的专利审查要求决定是否授予专利权。

在递交PCT国际申请时，需要准备的材料如表6–2所示。

表6–2　PCT国际申请需准备的材料

专利类型	请求书	权利要求书	说明书	说明书附图	摘要
发明	√	√	√	可选	√
实用新型	√	√	√	√	√

与中国国内申请相比，PCT国际申请准备的材料中，区别最大的是请求书。

PCT国际申请请求书中需要填写的著录项目信息较多，包括申请人国别、代理机构信息、指定国、优先权信息、国际阶段检索相关情况、本国际申请各部分文件页数等，如图6–4所示。

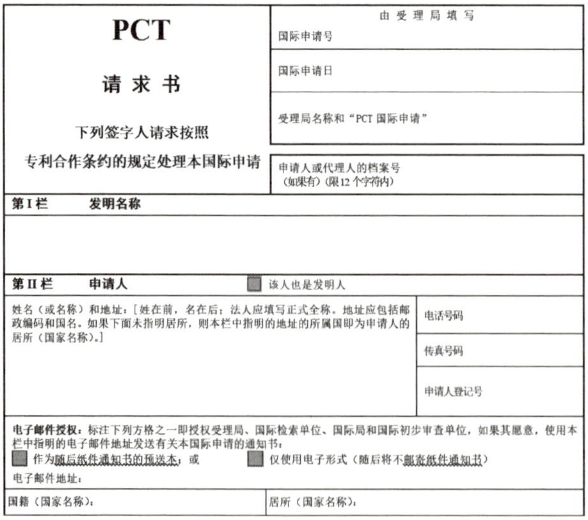
PCT

请 求 书

下列签字人请求按照

专利合作条约的规定处理本国际申请

由 受 理 局 填 写

国际申请号

国际申请日

受理局名称和“PCT 国际申请”

申请人或代理人的档案号（如果有）（限12个字符内）

第I栏　　发明名称

第II栏　　申请人　　该人也是发明人

姓名（或名称）和地址：[姓在前，名在后；法人应填写正式全称。地址应包括邮政编码和国名。如果下面未指明居所，则本栏中指明的地址的所属国即为申请人的居所（国家名称）。]

电话号码

传真号码

申请人登记号

电子邮件授权：标注下列方格之一即授权受理局、国际检索单位、国际局和国际初步审查单位，如果其愿意，使用本栏中指明的电子邮件地址发送有关本国际申请的通知书：

作为随后纸件通知书的预送本；或　　仅使用电子形式（随后将不邮寄纸件通知书）

电子邮件地址：

国籍（国家名称）：　　居所（国家名称）：

图6–4　PCT国际阶段专利申请请求书截图

PCT国际申请请求书模板可以在国家知识产权局官网中的"专利合作条约（PCT）专栏"（http://www.sipo.gov.cn/ztzl/pctzl/index.htm）中下载，如图6-5所示。在该专栏中还有PCT相关的其他许多知识，读者如果有兴趣可以进入链接学习。

在进入国家阶段时，需要根据待进入的各个国家/地区的规定，填写相应的PCT申请国家阶段请求书，办理相关手续后，进入国家阶段。

注：根据中国专利法的规定，中国人在中国递交PCT专利国际申请，必须委托在中国依法设立的专利代理机构办理，其他单位和个人均无法完成这一过程。

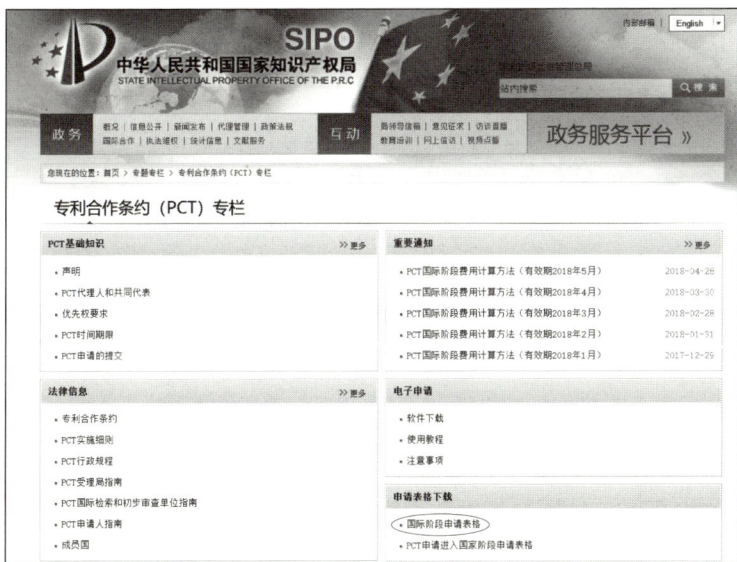

图6-5　国家知识产权局PCT专栏

如何递交海外申请？

中国于1994年1月1日正式成为PCT的成员国，并且是受理局、国际检索和初步审查单位。因此作为中国申请人，可以选择向主管受理局，即中国国家知识产权局递交PCT国际申请；也可以选择国际局递交。为方便起见，一般选择中国国家知识产权局递交。

向中国国家知识产权局递交国际专利申请有两种方式。

第一种是电子形式提交。以电子形式提交国际申请有三个入口：CEPCT网站（http://www.pctonline.sipo.gov.cn/）、CEPCT客户端以及PCT-SAFE。当以电子形式申请专利时，应当事先在如图6-6所示的国家知识产权局PCT电子申请首页办理电子申请用户注册手续，注册通过后，再登录提交申请文件及其他文件。

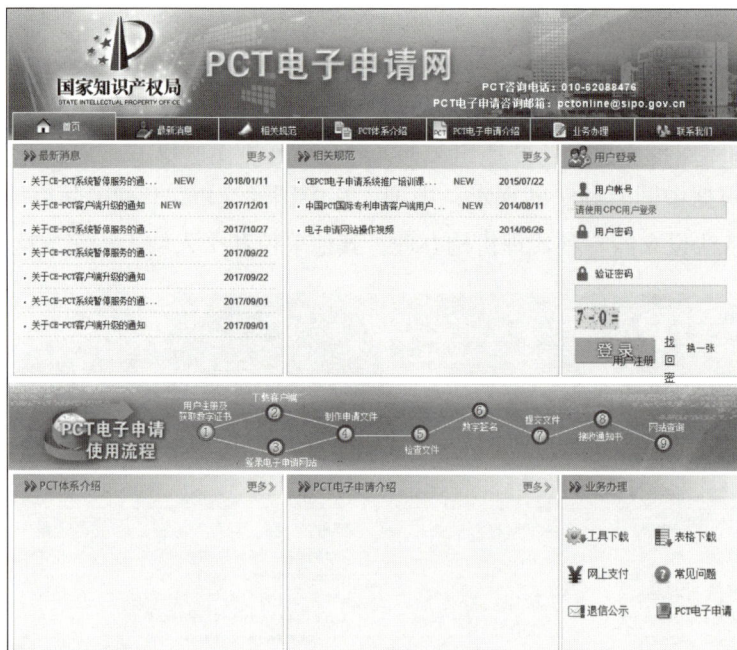

图6-6　国家知识产权局PCT电子申请网首页

第二种是书面形式递交。以书面形式申请专利的，有以下三种递交途径：

1）将申请文件及其他文件当面交到"国家知识产权局专利局PCT处"；国家知识产权局专利局地址为：北京市海淀区蓟门桥西土城路6号。

2）将申请文件及其他文件寄至"国家知识产权局专利局PCT处"；国家知识产权局专利局PCT处通信地址为：北京市海淀区蓟门桥西土城路6号；邮政编码：100088。

3）将申请文件及其他文件传真至"国家知识产权局专利局PCT处"；国家知识产权局专利局PCT处传真号：010-62019451。

注意，以传真方式提交时，应在传真之日起14天内将传真原件送到国家知识产权局专利局PCT处。

🔍 专利申请文件交局后还有哪些流程？

专利申请文件已经交局了，就万事大吉了么？其实不然，以最为复杂和漫长的发明专利为例，一件发明专利申请自向国家知识产权局正式递交开始，将主要经过受理、初步审查、实质审查、授权等阶段，具体流程如图6-7所示。

受理阶段主要对请求书、申请文件的格式是否符合要求进行审查。

初步审查阶段主要包括明显实质性缺陷的审查和形式审查。

实质审查阶段主要包括实质审查程序启动，申请文件核查，实质审查的准备和检索，实质审查并发出第一次审查意见通知书，申请人答复、修改和审查员继续审查，审查员做出授予专利权通知书或驳回决定等步骤。

授权阶段主要包括知识产权局发出授权和办理登记手续通知书，申请人办理登记手续，颁发专利证书与登记，知识产权局公告授予专利权等步骤。

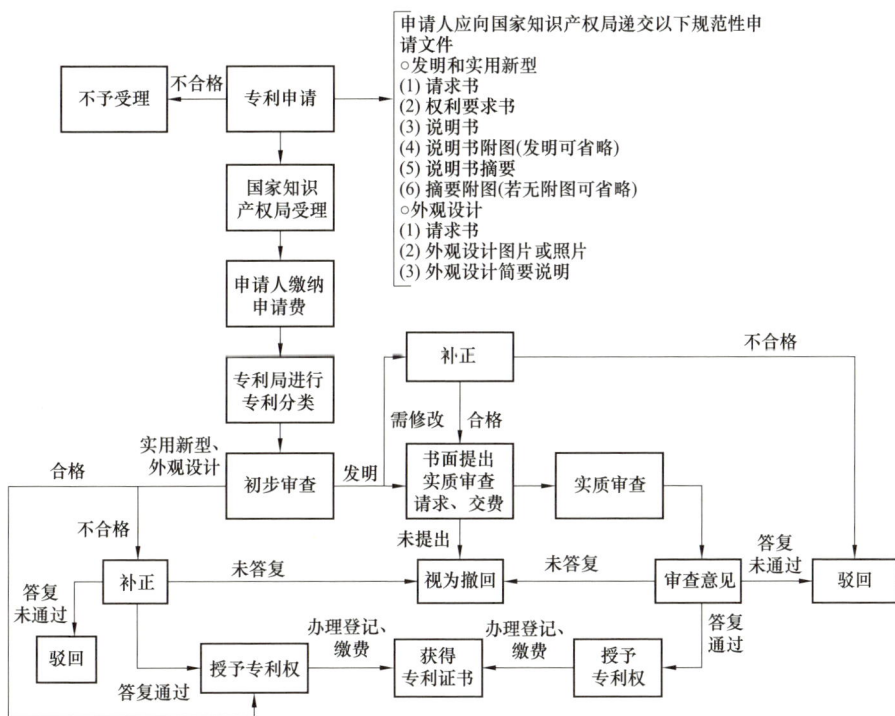

图6-7 专利申请流程图

对于实用新型和外观专利申请，与发明专利最大的区别就是没有实质审查程序，也就是经常听到的"实审"，也就是说，审查员在经过初步审查后，就会对实用新型和外观专利做出驳回或授权的决定。

🔍 等得好心急！专利申请从递交到授权需要多长时间？

如前面所说的，由于国家知识产权局对发明专利、实用新型专利和外观设计专利的审查程序和标准不同，所以每种类型的专利从提交至国家知识产权局到授权所需的时间也有差别。

对于发明专利来说，要经过初步审查、实质审查、授权并公告等一系列审批程序，尤其是在实质审查阶段，往往需要经历多次审查员下发审查意见、代理人答复审查意见的流程。在实质审查阶段，发明专利的每次审查意见的答复期限也不一样，例如，第一次审查意见下发之后，要求申请人在4个月内答复，其后再有第二次、第三次审查意见的，要求申请人在2个月内答复。因此，完成这些程序所需时间的长短取决于各个环节的进展情况，一般说来，一项发明专利需要约3年时间才能获得专利权。

对于实用新型和外观设计专利来说，由于只需初步审查，相对于发明专利的申请程序较为简单，一般在申请日确定后，约1年的时间就可获得专利权。

🔍 专利从递交到授权需要缴纳哪些费用？

趣专利·聊一聊

申请专利并不是免费的，根据专利申请的途径的不同，会产生不同的费用。但无论是哪一种专利申请的途径，均需要向国家知识产权局缴纳一定的官方费用，该费用统称"官费"。如果委托专利代理机构申请专利，还需要向代理机构支付一定的代理费。以中国国内专利申请为例，需要向国家知识产权局缴纳的官费主要包括申请费、实质审查费（发明专利）、授权登记费以及年费。

国内专利申请及授权时主要涉及的官费如表6-3和表6-4所示。

表6-3　　　　　国内专利申请时主要官费统计表　　　　单位：元

专利类型	申请费	实质审查费	印刷费
发明	900	2500	50
实用新型	500	0	0
外观设计	500	0	0

表6-4　　　　　国内专利授权主要官费统计表　　　　单位：元

专利类型	发明	实用新型	外观
专利登记费	200	200	200
印花税	5	5	5
当年年费	900	600	600

专利授权后还需要缴纳如表6-5所示的年费，如果不按时缴纳年费，专利就

会自动失效。年费的计算是从申请日开始；如前面所说，发明专利的保护期限是从申请日开始20年；从表6-5中可以看出，发明专利的年费从第1~3年的900元/年增长至第16~20年的8000元/年。实用新型和外观设计的保护期限是从申请日开始10年，从表6-5中也可以看出，实用新型和外观设计的年费从第1~3年的600元/年增长至第9~10年的2000元/年。

年费的收取以及随着年份的增长而递增的费率设计是为了敦促专利权人尽快利用专利产生经济效益，对于不能产生效益的专利，专利权人可以考虑通过不再继续缴纳年费而放弃专利权，让其他人可以免费使用。

表6-5　　　　　　　　国内专利授权后年费统计表　　　　　　　单位：元/年

发明专利	1~3年	4~6年	7~9年	10~12年	13~15年	16~20年
	900	1200	2000	4000	6000	8000
实用新型	1~3年	4~5年	6~8年	9~10年	—	—
	600	900	1200	2000	—	—
外观设计	1~3年	4~5年	6~8年	9~10年	—	—
	600	900	1200	2000	—	—

对于以PCT途径申请的海外专利，需要缴纳的费用包括国际阶段官方费用和国家阶段官方费用；由于必须委托代理机构，因此还包括代理费；当涉及需要将申请文件翻译为不同语种时，还会产生翻译费。

国际阶段的官方费用主要包括传送费、检索费、国际申请费、初步审查费（如未要求初步审查则无）、优先权文件费。以某一我国的企业申请人将中国专利申请作为在先申请，向中国国家知识产权局递交PCT国际阶段申请，不要求初步审核为例，该阶段产生官费如表6-6所示。

表6-6　　　　　　　PCT途径国际申请阶段主要官费统计表

费用类型	传送费	检索费	国际申请费	优先权文件费
金额	500（CNY）	2100（CNY）	1330（CHF）	150（CNY）

注　CNY为人民币单位；CHF为瑞士法郎单位。

国家阶段官方费用需要根据所进入国家/地区的规定缴纳。以进入美国为例，美国国家阶段费用主要包括申请费、检索费、审查费、授权费。各类费用对于不同规模的实体，有不同程度的减免：大实体（企业员工多于500人）为全额缴纳；小实体（独立发明人、非营利团体或企业少于500人的小型企业）减免50%；

微实体（在符合"小实体"的规定下发明人的专利申请案数量不超过4件并且总收入小于中产家庭收入的3倍）减免75%。以我国大实体申请人通过PCT途径进入美国国家阶段为例，该阶段产生官费如表6-7所示。

表6-7　　　　　　　　　　PCT途径美国国家阶段主要官费统计表

费用类型	申请费	检索费	审查费	授权费
金额（USD）	280	480	720	960

注　USD为美元单位。

与中国专利一样，海外专利授权后也需要向官方缴纳年费。各国家/地区的年费也有所不同。仍然以美国为例，授权后的美国发明专利的年费分为3.5年、7.5年和11.5年三次缴纳，并且不同规模的申请人按照减免不同对应不同的金额。以我国大实体申请人通过PCT途径进入美国国家阶段并得到授权为例，各年需要缴纳的年费如表6-8所示。

表6-8　　　　　　　　　　　　美国专利年费统计表

年限（年）	3.5	7.5	11.5
金额（USD）	1600	3600	7400

注　USD为美元单位。

翻译费一般根据原语种、翻译语种和字数确定。一般来说，每千字几百元。

在进入国家阶段时，通常需要委托所进入国阶段的代理机构/律师事务所办理相关事务；因此国家阶段所产生的代理费需要根据当地代理机构/律师事务所的收费水平确定。仍然以美国为例，与我国按件计费的方式不同，美国代理人通常按时间计费，根据代理人的水平，每小时收费在200~700美元。

代理费是由各个代理机构收取的，与委托的专利类型、各专利的代理事项和该代理机构的收费标准相关。以发明专利申请为例，一件发明申请的代理费为4000~15000元不等。需要提醒的是，专利代理服务是一项专业性极强的工作，经验丰富、专业水平高的专利代理机构和专利代理人自然收费会较高，价格不应当成为选择专利代理机构的主要甚至唯一标准，重要专利的专利代理机构和专利代理人选聘尤其如此。

第三节

典型案例

通过本章前两节的学习，我们已经对申请文件递交有了一定的了解。本节将以一个具体的案例对申请文件的递交过程进行介绍。

当准备好一件发明专利的"五书"，即摘要、摘要附图、权利要求书、说明书、说明书附图之后，就可以开始着手递交工作。

（1）登录中国专利电子申请网（http://cponline.sipo.gov.cn/）。在首页右上方，提供了登录入口。

对于已注册用户：有账号登录和证书登录两种方式可以登录平台，可以根据实际情况选择相应的登录方式。

对于未注册用户，需要点击"注册"并按提示步骤注册、获取登录通行证后再登录。

为了帮助新用户申请注册，在首页中部下方，如图6-8所示，提供了"电子申请常见问题解答""电子申请使用流程简介"以及相关的教学视频等文件，对电子申请的注册和使用流程有详细介绍；如果注册及递交过程中遇到有相关问题可以查询了解。在首页右部下方，提供了在注册过程中会用到的一些表格，可以下载使用。

（2）注册成功后，按提示登录。登录后的CPC客户端界面如图6-9所示。可以点击"新申请文件制作"并选取待递交的专利类型——"发明专利"。

（3）填写请求书。点击上一步中的"发明专利"后，将进入填写请求书的页面，如图6-10所示。点击"发明专利请求书"，并在显示的请求书中填写相关信息。

提前公开、同时提实审、提交保密审查等信息都需要在请求书中填写相应的选项。如果不填写，就默认不提前公开、不同时提实审、不提交保密审查。

假设我们的专利需要同时提实审并提交保密审查，则在请求书中勾选相应选项。

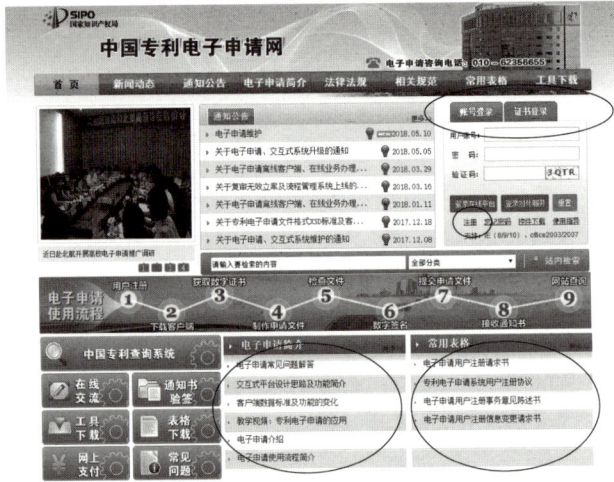

图6-8　中国专利电子申请网首页

图6-9　登录后的CPC客户端界面

图6-10　填写发明专利请求书界面

（4）在请求书填写完成后，点击"增加"后，弹出如图6-11所示的对话框，可以通过这个对话框导入"五书"文件。

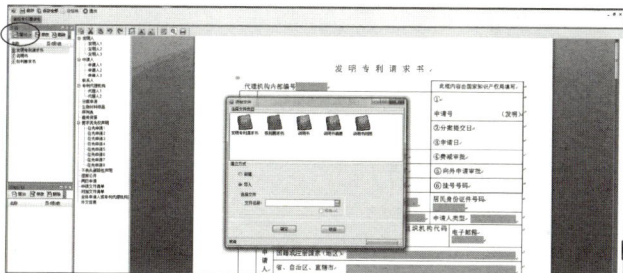

图6-11　导入"五书"文件对话框

（5）由于需要同时提实审并要求保密审查，在导入"五书"后，点击"附加文档"部分的"增加"以填写实审请求书以及向外保密请求书。

在点击"附加文档"之后，弹出可以供填写的多种附图文档，如图6-12所示。依次点击"实质审查请求书"和"向外国申请专利保密审查请求书"。

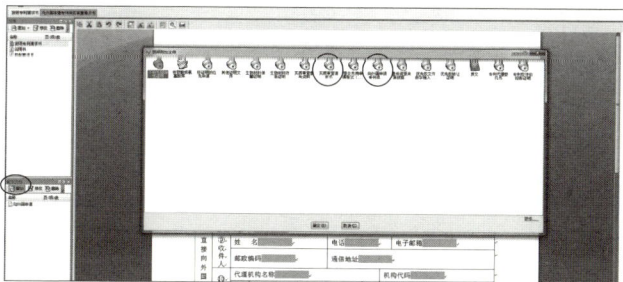

图6-12　多种附图文档界面

（6）填写实质审查请求书，如图6-13所示。

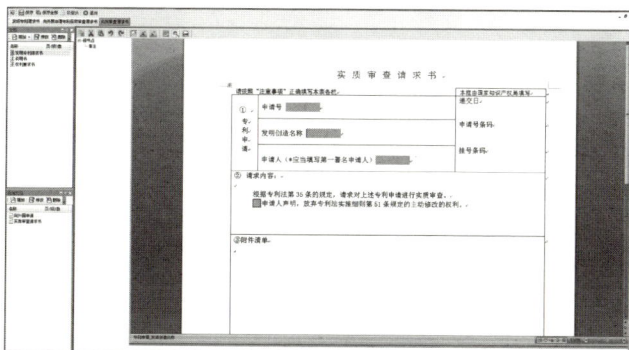

图6-13　实质审查请求书填写界面

（7）填写向外国申请专利保密审查请求书，如图6-14所示。

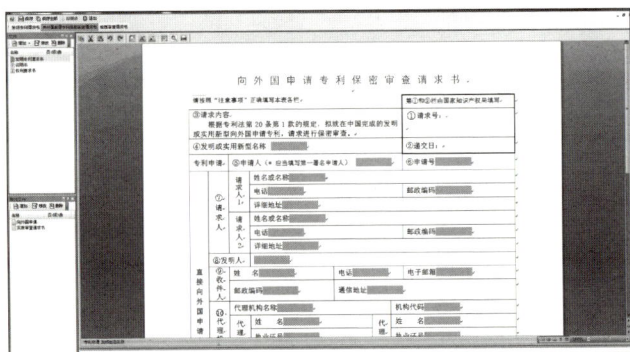

图6-14　向外国申请专利保密审查请求书填写界面

（8）保存完退出，勾选案件点击"签名"，如图6-15所示。

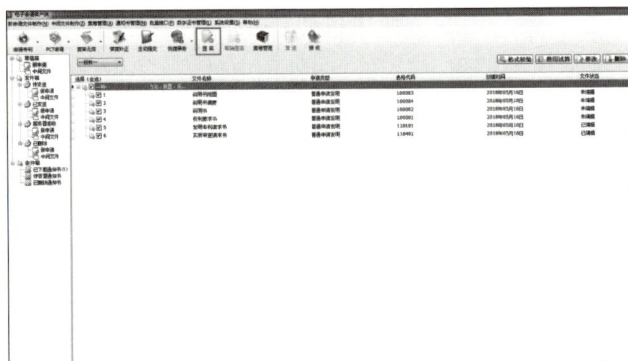

图6-15　签名界面

（9）点击"签名"，签名确认后，点击"退出"，如图6-16所示。

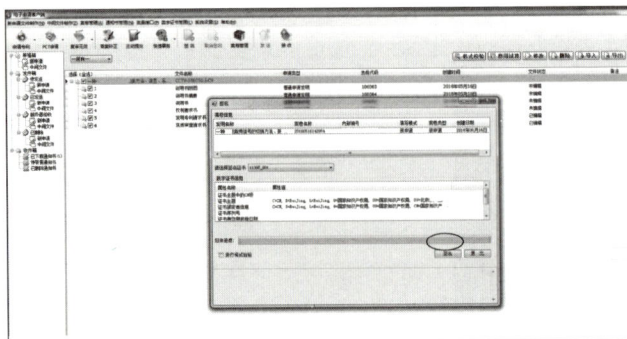

图6-16　签名确认界面

（10）退出后，案件进入"发件箱"。在"待发送"中找到相应的案件，勾选案件点击"发送"，如图6-17所示。

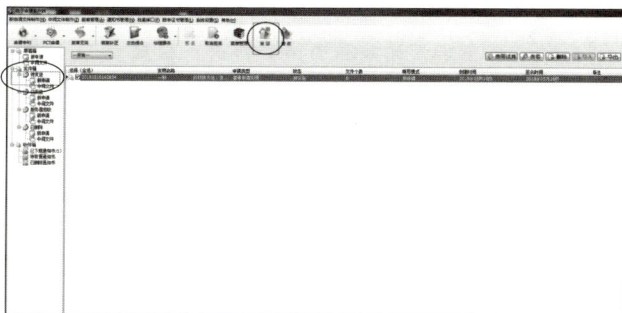

图6-17　案件发送界面

（11）点击"开始上传"，将文件上传至国家知识产权局的系统中，如图6-18所示。

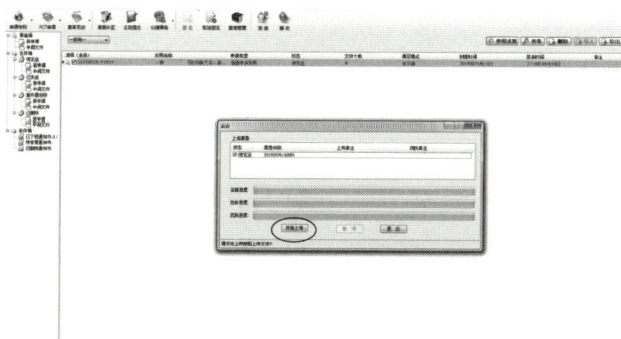

图6-18　文件上传界面

（12）上传完成后，点击"退出"，如图6-19所示。

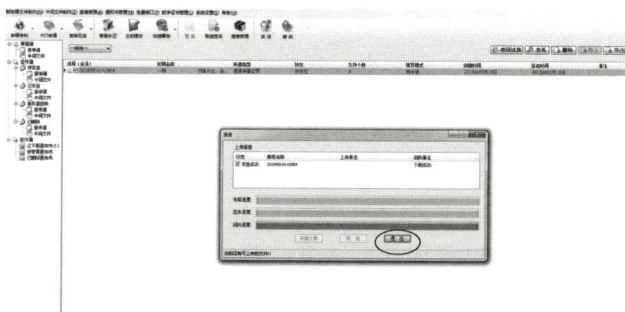

图6-19　上传完成后"退出"界面

（13）点击"接收"栏获取回执并下载，然后进入"已下载通知书"里可以查看到递交回执，如图6–20所示。说明该专利申请已经递交成功。

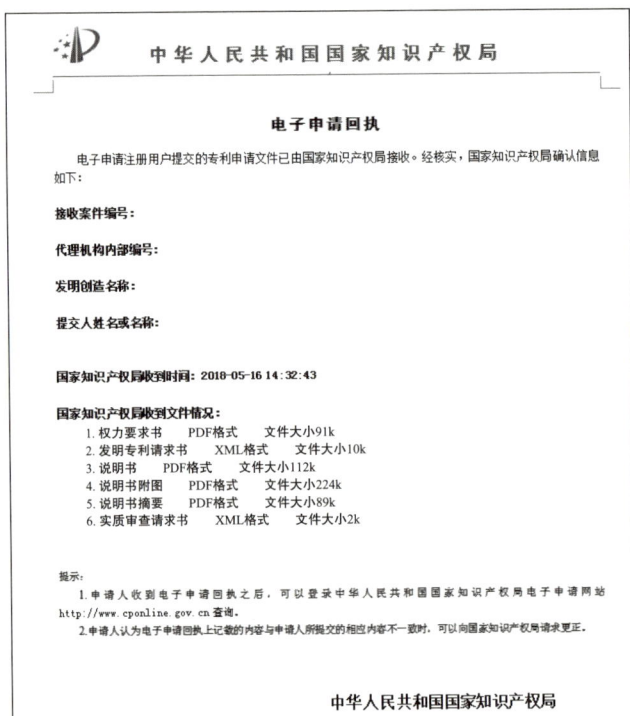

图6–20　电子申请回执

实用贴士

→ 如果委托了代理机构，通常都由代理机构来进行递交工作，发明人只需要配合代理人提供请求书中的相关信息即可。

→ 提前公开和同时提实审都是为了加快授权的一种常规手段，需要根据申请专利时的实际情况综合考虑。

→ 将五书转换为PDF格式再上传，可以有效避免因WORD版本不兼容而导致的格式变化或乱码。

→ 当海外申请的目标国家较少时，例如，只有一个国家/地区时，可以考虑采用巴黎公约途径。

第七章

专利授权博弈篇

——打赢授权前的最后一战

抗日战争结束后，内战全面爆发

在极其恶劣的环境下

毛主席提出了

"战略上藐视敌人 战术上重视敌人"的策略

并带领共产党取得了内战的胜利

我们可以学习这种策略，搞定专利审查

本章将详细讲述专利审查的知识

带您打赢专利授权前的最后一战

第一节

面不改色
——轻松搞定审查意见

知识产权局下发的审查意见是什么样的？

在前面的章节已经介绍过，如果一件专利获得了授权，实际上就获得了一个垄断性的、排他性的权利。所以，想要专利授权就肯定要满足一定的条件，否则就会对公众的利益造成损害，那么到底是由谁来决定专利申请是否满足专利授权条件呢？知识产权局审查员的重要职责之一就是通过严格执行审查程序来审查专利是否满足授权条件。图7-1是发明专利的审查流程示意图，从中可以看出，在发明专利申请实质审查过程中，下发审查意见通常是个必经程序。

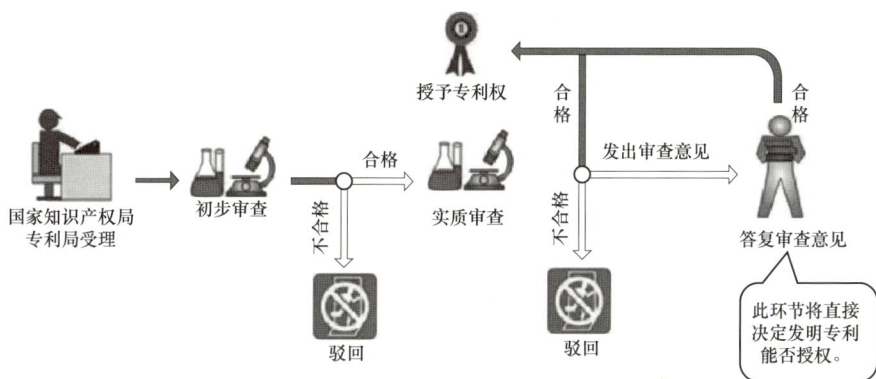

图7-1　发明专利审查流程示意图

某些情况下，当实用新型专利申请或者外观设计专利申请存在实质性缺陷时，也会下发审查意见。审查意见通常以《审查意见通知书》的形式下发，用于将审查员的意见及倾向性的结论通知给代理人。《审查意见通知书》主要包括专用表格部分及正文部分，针对一些新颖性、创造性类的审查意见以及对比文献复印件部分。

在专用表格部分主要给出了实质审查所依据的文本、审查所引用的对比文件、对权利要求书和说明书的结论性意见、答复期限等内容。

专用表格部分的表头主要是申请的一些基本信息，包括申请号、申请人与发明名称以及邮寄地址和审查意见发文日，具体形式如图7–2所示。

100191 北京市海淀区知春路 7 号致真大厦 A1304-05 室 北京同达信恒知识产权代理有限公司 朱佳	发文日： 2017 年 09 月 29 日

申请号或专利号：201310712478.2　　发文序号：2017092601784410

申请人或专利权人：中国移动通信集团河南有限公司

发明创造名称：一种 POOL 组网环境下差异化服务的方法和系统

图7–2　专用表格部分的表头示例

专用表格的第1~5部分主要给出进行实质审查的依据、检索情况以及审查所引用的对比文件信息，在《第一次审查意见通知书》中还会给出优先权信息、修改情况等，具体如图7–3所示。

1. ☒应申请人提出的实质审查请求，根据专利法第 35 条第 1 款的规定，国家知识产权局对上述发明专利申请进行实质审查。
☐根据专利法第 35 条第 2 款的规定，国家知识产权局决定自行对上述发明专利申请进行审查。
2. ☐申请人要求以其在：

☐申请人已经提交了经原受理机构证明的第一次提出的在先申请文件的副本。
☐申请人尚未提交经原受理机构证明的第一次提出的在先申请文件的副本，根据专利法第 30 条的规定视为未要求优先权要求。
3. ☐经审查，申请人于_____提交的修改文件，不符合专利法实施细则第 51 条第 1 款的规定，不予接受。
4. 审查针对的申请文件：
☒原始申请文件。☐分案申请递交日提交的文件。☐下列申请文件：

5. ☐本通知书是在未进行检索的情况下作出的。
☒本通知书是在进行了检索的情况下作出的。
☐本通知书引用下列对比文件（其编号在今后的审查过程中继续沿用）：

编号	文 件 号 或 名 称	公开日期（或抵触申请的申请日）

图7–3　专用表格第1~5部分示例

专用表格的第6部分是对权利要求书和说明书的结论性意见，在该部分，审查员会给出说明书和权利要求书不满足的专利法或细则的具体法条，后面在正文部分还会对权利要求书和说明书中的具体缺陷进行详细说明。审查的结论性意见的具体形式如图7-4所示。

专利申请就像圈地运动，审查员在审查的时候是站在公众的立场，判断给专利申请人多大面积的土地是合适的，审查意见很多时候并不是说申请文件存在各种各样的错误，而是认为，申请人要求的土地面积太大，应该缩小点儿，所以，很多审查意见答复的过程就是跟审查员进行讨价还价的过程，而不是一个纠错的过程。

可见，审查意见的答复对于一件专利申请最终是授权还是驳回，授予多大范围的权利具有十分重要的意义。

6. 审查的结论性意见：

关于说明书：

☐申请的内容属于专利法第 5 条规定的不授予专利权的范围。

☐说明书不符合专利法第 26 条第 3 款的规定。

☐说明书不符合专利法第 33 条的规定。

☐说明书的撰写不符合专利法实施细则第 17 条的规定。

☒说明书的撰写不符合专利法实施细则第 18 条的规定。

关于权利要求书：

☐权利要求______不符合专利法第 2 条第 2 款的规定。

☐权利要求______不符合专利法第 9 条第 1 款的规定。

☐权利要求______不具备专利法第 22 条第 2 款规定的新颖性。

☐权利要求______不具备专利法第 22 条第 3 款规定的创造性。

☐权利要求______不具备专利法第 22 条第 4 款规定的实用性。

☐权利要求______属于专利法第 25 条规定的不授予专利权的范围。

☒权利要求 5 不符合专利法第 26 条第 4 款的规定。

☐权利要求______不符合专利法第 31 条第 1 款的规定。

☐权利要求______不符合专利法第 33 条的规定。

☐权利要求______不符合专利法实施细则第 19 条的规定。

☒权利要求 1, 6 不符合专利法实施细则第 20 条的规定。

☐权利要求______不符合专利法实施细则第 21 条的规定。

☐权利要求______不符合专利法实施细则第 22 条的规定。

☐______

☐申请不符合专利法第 26 条第 5 款或者实施细则第 26 条的规定。

☐申请不符合专利法第 20 条第 1 款的规定。

☐分案申请不符合专利法实施细则第 43 条第 1 款的规定。

上述结论性意见的具体分析见本通知书的正文部分。

图7-4　专用表格第6部分示例

审查意见有哪些类型?

按照审查员的倾向性意见进行划分，通常可以将审查意见划分为三种类型，即否定性结论、不定性结论和肯定性结论。类比为疾病的危重程度的话，第一种就是病危型，也就是审查员认为，该专利申请没有授权前景，如果申请人不能进行有说服力的意见陈述，那么就会被驳回；第二种就是需手术治疗型，即若按照审查员的意见对申请文件进行修改，还是具有授权前景的；第三种就是小毛病型，就是把审查意见中指出的问题改一下就能授权了。

审查员的倾向性意见显示在《审查意见通知书》的位置图7-5所示，其中，第一种就是小毛病型，第二种就是需手术治疗型，第三种就是病危型。

7. 基于上述结论性意见，审查员认为：

☐ 申请人应当按照通知书正文部分提出的要求，对申请文件进行修改。

☒ 申请人应当在意见陈述书中论述其专利申请可以被授予专利权的理由，并对通知书正文部分中指出的不符合规定之处进行修改，否则将不能授予专利权。

☐ 专利申请中没有可以被授予专利权的实质性内容，如果申请人没有陈述理由或者陈述理由不充分，其申请将被驳回。

☐ _____

图7-5 审查员的倾向性意见示例

🔍 审查意见一般会指出哪些问题？

趣专利·聊一聊

目前审查意见通知书指出的问题主要有下面五类。

1. 方案缺乏新颖性或创造性

对于方案缺乏新颖性或创造性这一类审查意见，审查员在意见通知书中会提供至少一篇对比文件，同时分析认为该对比文件中公开的内容与本申请权利要求1中保护的方案相同或很类似，并据此认为本申请权利要求1要求保护的方案不具有新颖性和创造性。由于相对于各从属权利要求来说，权利要求1划定的是最大的保护范围，因此，当审查员认为权利要求1不具有新颖性或创造性的时候，其实质往往是审查员认为权利要求1划定的范围过大。

在答复缺乏新颖性或创造性这类审查意见时，重点在于分析审查员提到的对比文件是否与我们专利申请的方案相同，如果有不同，但申请文件的权利要求1中并没有体现出与对比文件的不同，则需要在权利要求1中增加一些技术特征，使得权利要求1的方案与对比文件不同，这样才有可能获得授权。或者，审查员提到的对比文件与我们专利申请的权利要求1的方案不同，但审查员理解有偏差以致认为二者相同，此时可以不修改权利要求1，而直接陈述二者的不同之处，以最大化地争取权益范围。

案例7-1

一种可悬挂及桌放两用的计算机装置

该方案请求保护一种可悬挂及桌放两用的计算机装置，其外观及部件示意图如图7-6、图7-7所示。

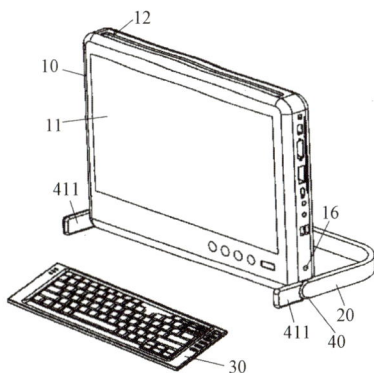

图7-6 可悬挂及桌放两用的计算机

10—主机；11—显示屏；12—凹槽；16—侦测装置；20—提把；30—输入装置；40—枢设部；411—支撑片

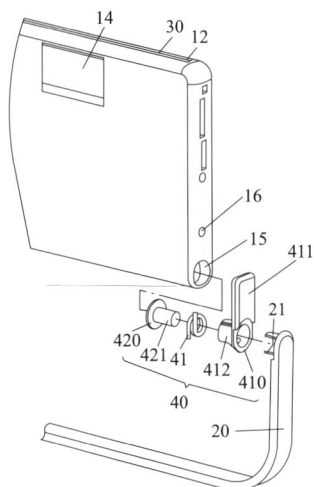

图7-7 可悬挂及桌放两用的计算机二枢设部

12—凹槽；14—板体；15—凹孔；16—侦测装置；20—提把；21凸接缘；30—输入装置；40—枢设部；

41—弹性组件；410—第一转轴；411—支撑片；412—空心凸缘；420—第二转轴；421—凸轴

该案的权利要求1中包括如下特征：

特征1：输入装置30；

特征2：主机10，一侧具有一显示屏幕11，一端设有一凹槽12，该凹槽12可供容纳输入装置30于主机10内；

特征3：二枢设部40，分别设于主机10对应的两侧，各枢设部40内设有可支撑主机10的一弹性组件41；

特征4：一提把20，两端与二枢设部相枢设，该提把20可活动地于主机10的两端上转动，该提把20朝该主机的显示屏幕的另一面方向转动并支撑该主机10于一平面上。

在审查意见中，审查员基于两篇对比文件及惯用技术手段，认为该案不具备创造性，具体意见如下：

对比文件1公开了一种具有提把的笔记本电脑，如图7-8所示，本发明与对比文件1相比，区别在于：①权利要求1中的主机10的一端设有凹槽12，该凹槽12可供容纳输入装置30于主机10内；②权利要求1中的各枢设部40内设有可支撑主机10的一弹性组件41。

基于上述区别特征①，权利要求1实际解决的技术问题是将电脑的输入装置容纳到主机10的凹槽12内；对比文件2公开了一种便携台式计算机，其结构如图7-9所示，包括一个键盘30可以脱离的方式和该主机10结合在一起，键盘30容纳到主机10的凹槽组装空间11中，上述技术特征在权利要求1中所起的作用与对比文件2中所起的作用相同，都是将台式计算机的键盘容纳到主机中。

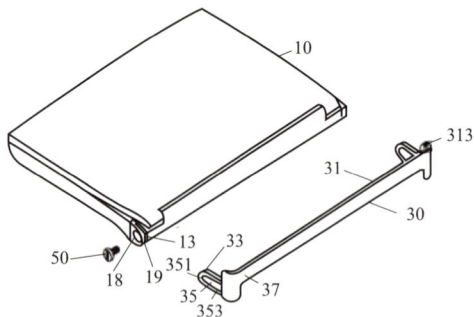

图7-8　具有提把的笔记本电脑

10—笔记本电脑机体；13—窄槽；18—贯穿孔；19—固定孔；30—提把；31—手提部；313—支撑部；33—枢接部；35—枢转孔；351—第一端；353—第二端；37—缓冲脚座；50—枢转螺钉

对于区别特征②，采用弹性组件还是螺钉支撑定位都属于所述领域技术人员的惯用技术手段。

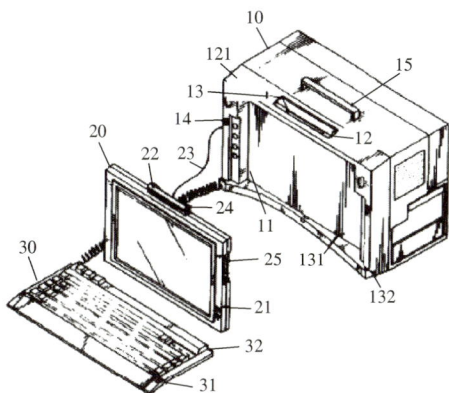

图7-9　便携台式计算机

10—主机；11—组装空间；12—大组装槽；121—外壁面；13—小组装槽；131—内壁面；132—孔；14—扣钮；

20—显示屏；21—调整钮；22—枢接座；23—传输线；24—结合钮；25—调整杆；30—键盘；31—凹槽；32—凸出

因此，在对比文件1的基础上结合对比文件2和管用技术手段得到的权利要求1的技术方案，对本领域技术人员来讲是显而易见的，因此，权利要求1不具有突出的实质性特点和显著的进步，不具备创造性。

对上述审查意见中提到的对比文件进行仔细分析后可知，本发明与对比文件1的发明还存在如下区别：①本发明的主机为一体成型结构，其一侧设有显示屏幕，而对比文件1的笔记本电脑的机体包括键盘和显示屏幕两部分，不是一体成型结构；②本发明中的提把20朝该主机的显示屏幕的另一面方向转动可支撑该主机10于一平面上，而对比文件1中的椭圆形枢转孔35是无法通过枢转螺钉50使得提把转动以实现支撑笔记本电脑机体10的作用的。基于上述两点区别，可在审查意见答复中对权利要求的创造性进行争辩。

2. 说明书公开不充分，导致本领域技术人员无法实现

对于说明书公开不充分的审查意见，审查员一般会在审查意见通知书中说明其认为公开不充分的理由。例如，说明书中某一方法步骤的具体细节没有描述，审查员认为本领域技术人员按照说明书目前公开的程度，无法实现发明目的等。

在进行公开不充分审查意见答复时，常用的答复方式是，论述根据说明书的记载，或者根据说明书以及本技术领域公知常识，本领域技术人员就可以实现本发明，解决其技术问题。

平板蒸发器结构及具有平板蒸发器结构的回路式热管

该案请求保护一种具有平板蒸发器结构的回路式热管，其结构图如图7-10所示。

该案权利要求1中包括如下特征：

一种具有平板蒸发器结构的回路式热管，是于一热源4上设置一蒸发区段L_1，并以一传导区段L_3连接一冷凝区段L_2组成，其中，该蒸发区段L_1包括：一密闭容置结构5，设置于该热源4上，以一盖体51及一盒体52组合形成一密闭容置空间521，该密闭容置结构5包括：

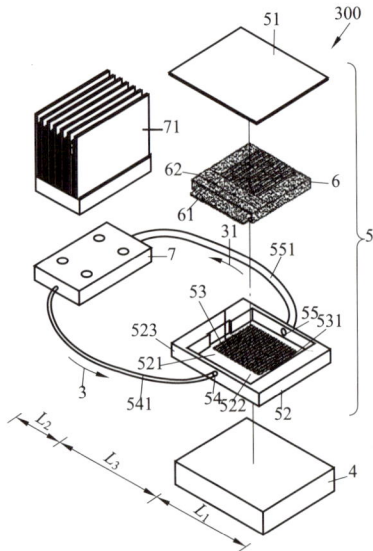

图7-10　具有平板蒸发器结构的回路式热管

3—工作流体；31—蒸汽；300—蒸发器；4—热源；5—密闭容置结构；51—盖体；52—盒体；521—密闭容置结构；522—容置空间底部；523—盒体缘；53—槽道结构；531—凹槽槽道；54—液体入口；541—液体流道；55—气体出口；551—气体流道；6—毛细结构；61—毛细结构前侧开口；62—隔板；7—冷凝装置；71—散热鳍片结构；L_1—蒸发区段；L_2—冷凝区段；L_3—传导区段

一毛细结构6是与该密闭容置结构5底面522呈水平配置，设置于该密闭容置空间521内；

一液体入口54，设置于该盒体52侧缘，用以注入一工作流体3，并连通于该毛细结构6；

一气体出口55，设置于该液体入口54对应的盒体52侧缘523，用以导出受热源4蒸发的工作流体3产生的蒸气。

该传导区段L3包括：

一气体流道551，连接于该密闭容置结构5的气体出口55；

一液体流道541，连接于该密闭容置结构5的液体入口54。

该冷凝区段L2包括：

一冷凝装置7，分别经由该传导区段L3的气体流道551及液体流道541连接于该密闭容置结构5的气体出口55及液体入口54，且该气体流道551是与该液体流道541以对向设置于冷凝装置7的一选定位置；

当该密闭容置空间521注入一工作流体3时，该工作流体3受该热源4蒸发为蒸气31，并通过该气体出口55连通气体流道551导入该冷凝区段L2的冷凝装置7，待该蒸气31冷却恢复为原形态的工作流体3后，再经由该液体流道541导回该密闭容置空间521中，并进行反复的循环动作。

审查员在审查意见中质疑说明书未充分公开，依据是：说明书中未对毛细结构6的具体构造做出说明，以致如何使毛细结构6阻挡蒸气31回流的手段含糊不清，导致发明不能实现。

申请人在分析上述审查意见后认为，本发明所解决的技术问题是解决现有技术中，随着电子产品功能不断增强，内部电子元件因高功率而产生高温现象，没有良好的散热装置加以冷却的问题。本发明中所采用的毛细结构原理为本领域公知常识，即"毛细推动力"指细管的管壁或多孔材质物体能吸收液体的力量，当液体和管壁或孔洞之间的附着力大于液体本身内聚力时，便会吸附液体，使气体无法通过细管或孔洞，其构造就是微孔结构，该结构是本领域的公知技术。基于上述理由，可在审查意见答复时进行争辩。

3. 独立权利要求缺少必要技术特征

由于独立权利要求应当从整体上反映发明的技术方案，记载解决技术问题的必要技术特征，因此对于独立权利要求缺少必要技术特征的审查意见，重点在于确定独立权利要求的技术方案是否能够解决说明书中提及的现有技术的缺点（即本发明目的），如果不能，则需要修改专利申请文件，在独立权利要求中增加对应解决现有技术缺点的技术特征。

案例7-3

一种便携式太阳能膜蒸馏海水淡化装置

该案请求保护一种便携式太阳能膜蒸馏海水淡化装置，该装置的结构如图7-11所示。

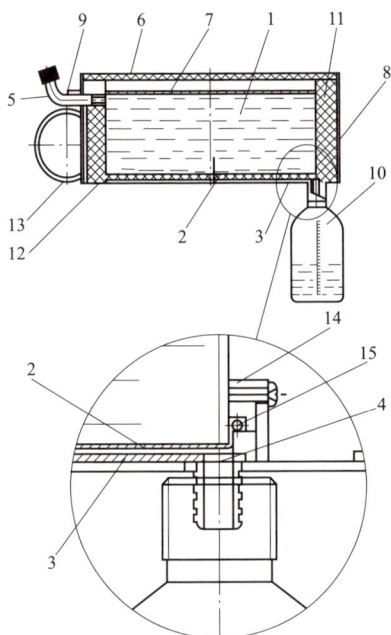

图7-11　便携式太阳能膜蒸馏海水淡化装置

1—海水容器；2—疏水性膜；3—冷却板；4—淡水出口；5—进入管；6—聚光板；7—集热板；8—壳体；

9—排气口；10—淡水容器；11—保温层；12—底板；13—副气囊；14—固定装置；15—密封圈

该案的权利要求1内容如下：

一种便携式太阳能膜蒸馏海水淡化装置，其特征在于，包括海水容器1，所述海水容器1的底面为疏水性膜2，与海水容器1的周边密封连接，所述疏水性膜2的下方相隔一定的间隙设置一冷却板3，该冷却板3上有淡水出口5，所述间隙为空气隙，海水容器1设有进水管6，该海水容器1设有太阳能加热装置。

　　审查意见中指出，本案权利要求1缺少必要技术特征，为解决"现有的膜分离装置结构复杂、庞大、不方便携带"等问题，本发明采用的技术手段是应用空气隙膜蒸馏的原理，因此，疏水性膜的冷热壁面的组成及位置为不可缺少的必要技术特征。因此，本发明权利要求1缺少必要技术特征。

　　对审查意见进行分析后认可审查员的意见，可将权利要求2中的"所述太阳能加热装置包括聚光板和集热板，其中所述集热板形成海水容器的一个壁面，所述聚光板在集热板上方，与集热板间隔一定距离；于海水容器和冷却板的外侧设有壳体，该壳体上设有排气口，与所述空气隙相通。"的内容补充到权利要求1中，用以克服审查意见中指出的独立权利要求缺少必要技术特征的问题。

4. 说明书不支持

　　常见的不支持问题是因为审查员认为说明书中只有一个实施例，而权利要求概括了一个较宽的保护范围。这时候先要确认实施例中是否真如审查员认为的只有一个实施例，如果是，根据说明书中的内容是否可以想到简单替换的实施例，这样就可以想办法说明可以支持。如果找不到其他实施例，只能缩小范围，但有时并不需要将审查员说的具体实施例全部搬到权利要求1中，也许只需要在权利要求1中增加一两个特征即可。

案例7-4

一种电压转换电路

　　该案请求保护一种电压专利电路，其电路图如图7-12所示。

　　在权利要求1中包含了如下特征：

　　一种电压转换电路，将以第一电源作为动作电源的一输入信号与一反相输入信号转换为以第二电源作为动作电源的一输出信号，其特征在于：

　　该电压转换电路包括：一电压转换单元，以所述第二电源作为动作电源并接收所述输入信号与反相输入信号后产生所述输出信号，该电压转换单元具有一输出节点与一互补输出节点；

一闩锁单元，以所述第二电源作为动作电源，并分别连接至所述输出节点、互补输出节点与一接地端；

其中所述闩锁单元在所述第一电源关掉时，用于将所述输出节点与互补输出节点的电压位准闩锁在所述第一电源关掉前的状态。

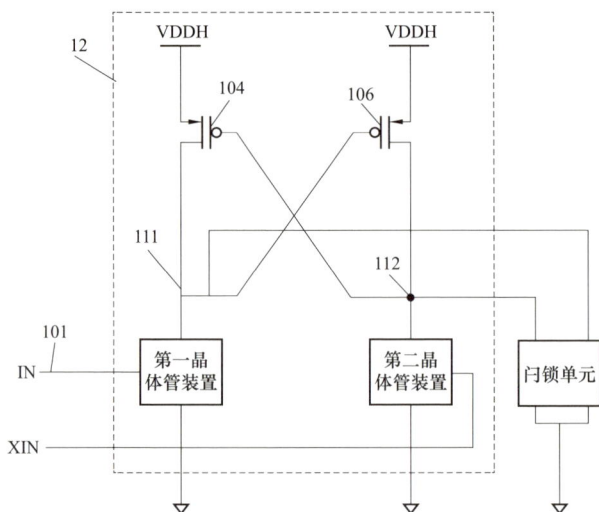

图7-12　电压转换电路

101—输入信号；104—第一p沟道晶体管；106—第二p沟道晶体管；

111—互补输出节点；112—输出节点；12—电压转换单元

在实施例中，给出了闩锁单元的一种实施方式，闩锁单元包括：第一n沟道晶体管，……，第二n沟道晶体管……

审查员在审查意见中指出，说明书中只给出了闩锁单元的特定实施方式，权利要求1得不到说明书的支持。

根据本领域的公知常识可知，闩锁器除了可以利用本案实施例中的两个非门的结构以外，也可以采用其他的电路形式，比如两个与非门，或两个或非门等来实施，只要可以达到本案的将互补输出节点111与输出节点112的电压闩锁在第一电源关掉前的状态即可。在审查意见答复过程中，可考虑基于上述意见进行审查意见的争辩。

5. 方案不清楚

除了一些形式上的不清楚问题，有一些审查意见中的不清楚实质上是不支持或是缺少必要技术特征的问题，这时候就要弄清楚审查员真正的意见属于哪一类，然后按照那一类的答复思路进行答复即可。案例7-5为一个形式上不清楚的案例。

案例7-5

权利要求1请求保护的是一种电子产品监视装置，其包括具有密封顶板和底板的直立壳体，该底板具有限制中央底板开口的连续周边部分……在所述连续周边底板部分的内表面上固定有底部闭合件。

审查意见指出，权利要求1中出现了"连续周边部分"和"连续周边底板部分"，两者是否为相同的技术特征？若是，则相同技术特征所采用的技术术语不一致；若不是，则后续从属权利要求中的"所述连续周边底板部分"无引用基础，从而造成该权利要求保护范围不清楚。

这种形式上不清楚的问题，对申请文件进行相应修改克服不清楚的问题即可，即在审查意见答复过程中可将申请文件中的"连续周边部分"修改为"连续周边底板部分"即可。

每件专利申请都有审查意见通知书吗？

对于发明专利申请，由于审查员会仔细阅读每件发明专利申请的申请文件并进行实质内容的审查，因此，一般都会有审查意见通知书；而实用新型或外观设计的专利申请只有初步审查，审查员一般不发出审查意见通知书。

发明专利申请除了要求提前公开的以外，通常会在申请日起一年半后陆续接到第一次审查意见通知书。

审查意见指出的问题必须一一答复吗？

审查员下发的审查意见是必须在审查意见通知书规定的期限内予以答复的，答复应以意见陈述书的形式递交，若无正当理由逾期不答复审查意见通知书，专利申请将被视为撤回。并且，知识产权局在实质审查程序中在审查意见通知书的答复期限届满前是不发出提示的，所以在接到审查意见通知书之后一定要注意答复期限，以保证在指定期限内提交答复。当然，对于确实没有授权前景或者没有价值的专利申请，也可以考虑主动撤回申请或不答复审查意见，等待视撤。例如，针对一些明显不属于保护客体的案件或是明显不具备新颖性或创造性的案件，从程序节约的角度，可考虑直接放弃答复。

如果申请人通过答复（陈述意见或修改）消除了审查意见通知书指出的缺陷，审查员就会发出授予专利权的通知书，否则，审查员可能会再次下发审查意见通知书或者直接驳回该专利申请。

🔍 发明人需配合代理人做些什么以更好地完成审查意见答复？

在审查员下发的审查意见通知书中，指出的问题大多是与专利申请的技术方案密切相关的问题，比如新颖性、创造性的问题，独立权利要求缺少必要技术特征的问题，说明书公开不充分的问题等。在这些实质问题的答复过程中，通常都需要发明人与代理人进行配合，提供技术方案理解及技术信息提供上的充分支持。

很多情况下，审查员检索出的对比文件与本申请相比，初看似乎相同，这种情况下，受代理人的知识面和对技术方案理解程度的限制，代理人很难分辨两者实质上的不同。这时就需要发明人积极配合，透过技术表面上的相似之处，重点分析技术方案与现有技术实质上的不同点并与代理人进行沟通合作，代理人后续便可以利用熟悉法规和答辩技巧的优势，进行审查意见的答复，为申请人争取应有的权益。

第二节

如饥似渴
——脑补审查意见答复审核的各项急救知识

🔍 发明人在进行审查意见答复审核时主要审核哪些方面的内容？

知识产权局将审查意见通知书下发给申请人委托的代理机构之后，代理机构的代理人会将审查意见通知书转发给发明人，并将答复初稿（即意见陈述书）和修改后的申请文件（若有）发给发明人审核。发明人需要做的就是对技术方案负责，意见陈述书和申请文件修改中是否存在技术方案理解错误，若代理人对审查员的意见答复存在问题，则需要对代理人指出。

新颖性、创造性的问题，独立权利要求缺少必要技术特征的问题，说明书公开不充分的问题，这三类审查意见的答复均与技术方案本身密切相关，因此，发明人审核的重点是针对这三类审查意见从技术方案方面进行仔细审核。

下面分别介绍如何审核上述三种常见类型审查意见的答复。

1. 关于权利要求缺乏新颖性或创造性的审查意见答复审核

此类审查意见中，审查员通常会结合其所检索到的一篇或多篇对比文件来质疑本申请的新颖性及创造性。因此，在审核该类型的答复时，发明人主要审核代理人是否突出了本申请权利要求1的方案与对比文件方案的区别，具体可以按下述步骤进行审核。

（1）针对本发明最初需要保护的每项关键欲保护点，确定其是否已在对比文件中有所描述，如果在对比文件中没有描述该关键欲保护点，则审核专利代理人是否已在意见陈述书中将该点作为与对比文件的区别点进行清楚地论述。

（2）如果所有关键欲保护点都已在对比文件中有所描述，应考虑是否有补充的关键欲保护点，若有，确定该关键点是否已在对比文件中有所描述，若对比文件中没有描述，则代理人应当将该点作为与对比文件的区别点予以清楚描述。

但应注意，希望补充的关键欲保护点必须在原有的说明书中有所记载。

（3）如果所有关键欲保护点都已在对比文件中有所描述，进一步比较本发明与对比文件是否还有其他代理人未找到的技术上的区别点。

在完成以上工作后，还需要进行一般性的审核，即在意见陈述书和修订版申请文件中是否存在技术描述错误。

2. 关于独立权利要求缺少必要技术特征的审查意见答复审核

独立权利要求应当从整体上反映发明或实用新型的技术方案，记载解决技术问题的必要技术特征。如果审查员认为独立权利要求缺少了某技术特征，则认为该发明请求保护的技术方案不是一个完整的技术方案，本领域技术人员是无法实现的。

在审核此类审查意见的答复时，主要审核独立权利要求描述的技术方案是否足以解决本发明要解决的技术问题；如果描述的技术方案不能解决问题，那么需要增加什么技术特征才能解决，代理人是否已把该技术特征加到独立权利要求中。

3. 关于说明书公开不充分的审查意见答复审核

说明书充分公开是指，说明书应清楚完整地给出对于理解和实现发明所必不可少的技术内容，所属技术领域人员按照说明书中记载的内容，就能够实现该发明的技术方案，解决其技术问题，产生预期的效果。如果说明书仅给出了一种功能设想或一种愿望，而未给出任何使得所述领域技术人员能够实施的技术手段，就会因缺乏解决技术问题的技术手段而被认为无法实现。

在进行公开不充分审查意见答复时，常用的答复方式是论述根据原说明书的记载，或者根据原说明书以及本领域公知常识，本领域技术人员就可以实现本发明，解决其技术问题。

在审核该类型的答复时，主要审核以下两方面。

（1）对于未充分公开的内容确实在原专利申请说明书中没有完整描述，并且该内容不是本发明的关键欲保护点的，审核代理人是否从该内容属于现有技术的角度进行陈述，发明人需要协助提供证明这部分内容在申请日前已经公开的文献，例如工具书、教材等，以便为代理人的意见陈述提供有力的证据。

（2）对于未充分公开的内容在原专利申请说明书中有完整描述的情形，应审核代理人是否在意见陈述书中做了充分陈述，若认为代理人未进行充分陈述，应具体指明说明书中描述或隐含描述该内容的页码及行数并由代理人补充到意见陈述书中。

看了上面的内容以后，是不是觉得审查意见答复的审核是一项很复杂的工作？其实不然，因为发明人需要做的都属于技术方案理解方面的内容，归根结底属于技术范畴内的工作，对于熟悉专利技术方案的发明人来说不会存在太大难度。

如果审查员的意见没有道理，可以据理力争吗？

如果审查员对申请文件的理解有偏差，导致审查意见有失偏颇，则在审查意见答复时应当据理力争，在意见陈述书中提出可以说服审查员的理由来反驳审查员的观点。

比如，针对最常见的一类审查意见，即创造性的审查意见，审查员在判定要求保护的技术方案相对于最接近现有技术不具备创造性时，往往采用多个对比文件结合，或者对比文件结合公知常识来说明，即要求保护的技术方案相对于多个对比文件结合后的技术方案或对比文件结合公知常识的技术方案来说是显而易见的。

由于创造性的判断是一个非常难以掌握的标准，审查员在判断其技术方案对于所属领域的技术人员来说是否显而易见，容易受到主观因素的影响，若无法认同审查员的意见，则在答辩过程中，需论述多个对比文件的结合，或者对比文件结合公知常识不会对本申请要求保护的技术方案构成任何技术启示，即可有力说明其相对于最接近现有技术是非显而易见的。

在对审查员的观点提出反驳时应当具有说服力，应就审查员所提出的意见进行有针对性的答辩，答辩时说理清楚，论据充分，这样的意见陈述将可能使申请朝着有利于授权的方向发展。如果只有论点，而缺乏充分依据支持的意见陈述是很难有说服力的。

当然，在具体操作时会遇到多种多样的情况，在此仅通过一个典型案例进行简要的分析。

案例7-6

申请文件要求保护的技术方案由A、B、C元件组合而成，B和C是螺纹连接；对比文件1公开了由A、B、C元件组合而成的技术方案，对比文件2公开了B和C是焊接。

审查意见认为本申请要求保护的技术方案与对比文件1的区别技术特征是B和C的连接关系，而对比文件2公开了B和C的连接关系，虽然此连接关系为焊接，不同于螺纹连接，但是对于本领域技术人员来说，两种连接关系只是惯用手段的置换，属于公知常识，因而，判定申请文件要求保护的技术方案相对于对比文件1结合对比文件2的方案是显而易见的，其不具备突出的实质性特点。

经过仔细分析后发现，对比文件2中虽然公开了B和C的连接关系，但是其技术方案由于受特定的环境所限，导致B和C之间的连接关系必须且只能是焊接，而非其他连接关系所能实现；所以，如果对比文件1和对比文件2的方案能够结合的话，则其结合后的技术方案只能是A、B、C组合，且B和C之间为焊接关系；而本领域技术人员应当了解，如果之前某一方案必须通过某种技术手段来实现，例如前述的焊接，而现在改进方案若想不依赖于前述技术手段，则必须付出大量的和长时间的创造性劳动，同时本领域普通技术人员也了解，螺纹连接要比焊接加工方便、使用灵活；由此可以很容易确定，本申请中B、C的螺纹连接与对比文件2中B、C的焊接并不是惯用手段的置换，是需要付出大量的和长时间的创造性劳动的，因而可以得出结论：对比文件1结合对比文件2的技术方案不会对本申请要求保护的技术方案构成任何技术启示，也即本申请要求保护的技术方案相对于对比文件1结合对比文件2的方案是非显而易见的，具有突出的实质性特点。

由此例可以看出，在审查意见答复过程中，对于创造性的评价要多方考虑技术特征在特定技术方案中所起的作用，以及所导致的技术效果，并不能将技术特征简单的结合即用来评价创造性。

审查意见指出没有创造性，可以补充新的内容来提升创造性吗？

在进行创造性审查意见答复过程中，可将具有创造性的从属权利要求或者说明书中公开的一些技术特征补充到独立权利要求中，从而增加独立权利要求的创造性。但需要注意的是，对申请文件进行修改时，是不能超出原申请文件记载的范围的。

具体而言，如果通过增加、改变和/或删除申请文件其中的一部分，致使所属技术领域的技术人员看到的信息与原申请记载的信息不同，而且又不能从原申请记载的信息中直接地、毫无疑义地确定，那么这种修改就是不允许的。

然而，根据目前的案例，除非修改的内容是在原始申请文件中明确记载的，或者说有一模一样的内容，审查员才会接受，否则，审查员均倾向于不接受。针对目前这一状况，要求原始申请文件撰写得完美无缺显然已经来不及了。那么申请人该如何应对呢？

首先，应该判断审查员的意见是否无懈可击。如果是，即修改后的内容确实与原始记载的信息不一致，而且又不能从原始记载的信息中直接地、毫无疑义地得出，那么申请人只能重新修改，同时注意使修改后的内容不仅符合《专利法》第三十三条的规定，而且克服了前面审查意见中指出的缺陷。

然而，如果审查员没有真正理解发明的实质，或者没有仔细研究原始申请文件，得出的结论往往是错误的。这个时候，就需要申请人充分陈述意见，据理力争。

1. 原始申请文件中确有记载，但是分散在不同位置

对这种情况，审查员也许会由于修改后的内容没有完整记载在说明书或权利要求书中的某一处而做出武断的判断。此时不仅需要指出分散特征的每一处位置，而且要陈述分散在不同位置的这些特征在原始申请文件中明确提及了彼此之间的关联，也就是说这些特征的组合并没有超出原始申请文件记载的范围。这样才能有力地说服审查员。

有时候审查员可能忽视了附图的作用。由于附图是说明书的一部分，所以附图公开的内容属于原始公开的范围，申请人应充分利用附图。尤其是对于各个特征之间的关系，包括空间关系、时间关系、作用关系等，往往在附图中有明确的显示。一旦修改后的内容在说明书中没有明确的文字记载，申请人一定要到附图中寻求支持。如果附图中给出了表示，即使在说明书中找到了一些记载，也不要忘记在陈述意见时同时指出附图显示的内容。

2. 原始申请文件中确有记载，但是没有完全相应的技术特征描述，而是在具体实施例中以具体结构特征呈现

这种情况往往出现在修改后的权利要求用上位概念概括了一个较宽的保护范围，而原始申请文件中虽然记载了这些上位概念，但是没有明确记载用上位概念

限定的这些特征，在具体实施例中用具体结构来描述的。例如，原始申请文件记载了"第一构件""第二构件"，具体实施例中记载了纵杆和横杆之间形成一个夹角，修改后的权利要求是"第一构件和第二构件之间形成一个夹角"，由于原始申请文件中没有记载与上述完全相同的内容，在陈述意见时需要说明从原始申请文件中可以直接地、唯一地得出纵杆就是第一构件的举例说明，横杆就是第二构件的举例说明，由此得出不超范围的结论。

3. 由于从独立权利要求删除特征导致修改后的内容在原始申请文件中没有明确记载

通常来说，在实质审查过程中，从独立权利要求中删除特征意味着保护范围的扩大，这种修改往往是不允许的。但是在利用主动修改时机进行修改时没有这种限制。

如果删除某些特征后的独立权利要求在原始公开文件中没有明确记载，审查员自然会发出修改超范围的审查意见。这种情况最有力的争辩意见是论述该删除的特征在原说明书中始终没有认定其是发明的必要技术特征，删除了该特征显然是可以实现本发明的发明目的。

例如，原权利要求书是"用于泵的密封件"，而修改后的权利要求是"密封件"，如果原始说明书中描述了该密封件不仅可以用于泵，而且可以用于任何需要密封的装置，那么就可以基于此公开信息而争辩。

由于判断修改是否超出原始申请文件的范围时，原始申请文件包括说明书及其附图和权利要求书，所以可以充分利用权利要求书。在撰写权利要求书时，独立权利要求尽可能写得范围宽一些，从属权利要求尽可能多些，把所有可能想到的技术方案全都包括在内，这样在审查过程中可以避免修改的内容没有明确记载在原始申请文件中。如果考虑费用问题，在提交时可以保留最少数量的权利要求，而利用后续的主动修改机会来添加权利要求。但这种做法需要注意后添加的权利要求应在提交的说明书中有明确记载。

🔍 审查意见答复审核通过后该做些什么？

审查意见答复具有严格的期限限制，申请人应在规定的期限内完成并递交答复意见，否则其申请讲被视为撤回。实质审查程序中，第一次审查意见答复的期限为4个月，后续审查意见答复的期限为2个月。

因此，在审查意见答复审核通过后，应及时指示代理人将意见陈述书及修改文本（若有）递交给知识产权局进行进一步审查，以免耽误审查期限。

收到授权通知书是不是表示已经获得了专利权？

专利申请经审查没有发现不符合专利法规定的，会发出授权专利权通知书，但是，收到国家知识产权局发出的授予专利权通知书，并不表示已经获得了专利权。因为，在收到专利授权通知书后，应当自收到通知之日起2个月内办理登记手续。否则，知识产权局不会对其进行登记和公告，申请人也不会被授予专利权。

趣专利·学一学

第三节

典型案例

通过本章前两节的学习，我们对审查意见及审查意见的答复有了一定的了解。本节将以"CN201210533982.1一种基于多个子模块捆绑式投切的电容电压平衡控制方法"的审查意见答复过程为例，对常见的几种审查意见和答复思路进行介绍。

"CN201210533982.1一种基于多个子模块捆绑式投切的电容电压平衡控制方法"的专利申请递交至知识产权局的原始专利申请文件如下：

权利要求书

1. 一种基于多个子模块捆绑式投切的电容电压平衡控制方法，其特征在于：所述方法包括以下步骤：

步骤1：上传并汇总子模块状态；

步骤2：将桥臂包括的M个子模块进行分组捆绑，得到m个模块组，并对m个模块组的电压进行排序，所述模块组作为整体投入或者切出；

步骤3：明确当前需要投入的总子模块数目，进而得到此时需要投入的模块组的数目 m'；

步骤4：根据桥臂电流方向和模块电容电压排序结果选择投切模块组数目和具体模块组。

2. 根据权利要求1所述的基于多个子模块捆绑式投切的电容电压平衡控制方法，其特征在于所述步骤1中，桥臂分段控制单元将子模块状态上传给桥臂汇总控制单元，所述桥臂汇总控制单元对接收的子模块状态进行汇总。

3. 根据权利要求1所述的基于多个子模块捆绑式投切的电容电压平衡控制方法，其特征在于所述步骤2中，桥臂汇总控制单元对M个子模块按照n个一组进行分组捆绑，得到个模块组，其中 $m=M/n$。

4. 根据权利要求1所述的基于多个子模块捆绑式投切的电容电压平衡控制方

法，其特征在于所述桥臂汇总控制单元对m个模块组的电压按照从大到小的原则进行排序。

5. 根据权利要求1所述的基于多个子模块捆绑式投切的电容电压平衡控制方法，其特征在于所述步骤3中，根据上层直流控制保护系统下发的指令采用最小逼近法明确当前需要投入的总子模块数目，进而得到此时需要投入的模块组的数目m'。

6. 根据权利要求1所述的基于多个子模块捆绑式投切的电容电压平衡控制方法，其特征在于所述步骤4包括以下步骤：步骤3-1：以正母线流向负母线为正方向，若此时电流方向为正，选择电压和最小的m_1'个子模块组投入，其余的（$m-m_1'$）个子模块切出；步骤3-2：以负母线流向正母线为负方向，若此时电流方向为负，选择电压和最大的m_2'个子模块组投入，其余的（$m-m_2'$）个子模块组切出。

7. 根据权利要求2所述的基于多个子模块捆绑式投切的电容电压平衡控制方法，其特征在于所述桥臂分段控制单元、桥臂汇总控制单元、光CT合并及接口单元、环流控制单元和MMC阀监视单元组成了模块化多电平换流器控制保护系统的阀基控制设备；所述桥臂分段控制单元将子模块状态上传给桥臂汇总控制单元进行汇总；所述环流控制单元下发调制量信息，通过此调制量信息，汇总并进行计算，决定子模块的投切；MMC阀监视单元对MMC阀的状态进行监视，并将监视信息上传至上位机。

说明书

一种基于多个子模块捆绑式投切的电容电压平衡控制方法

技术领域

本发明属于柔性交流输电技术领域，具体涉及一种基于多个子模块捆绑式投切的电容电压平衡控制方法。

背景技术

当前，基于全控型电力电子器件IGBT的各种电力电子电路已经越来越多地应用于电力系统、机车牵引、航空航天等领域。随着电力电子技术及材料、制造工艺的发展，IGBT器件的通流能力也越来越强，使其在直流输电领域也得到重要的发挥空间，直接促进了柔性直流输电技术的诞生和发展。与传统的高压直流输电技术不同，柔性直流输电换流器以由IGBT串联构成的高压换流阀替代了晶闸管串联换流阀，形成了电压源型的柔性直流换流器。柔性直流输电可以实现向远距离的中小型孤立、弱负荷进行供电；可以进行独立、准确、灵活的有功/无功功率控制，提高系统潮流传输的经济性和稳定性；在潮流反转时直流电压极性不变，方便构成多端直流输电系统；在相联系统短路时不增加系统的短路容量，有利于限制短路电流，阻止系统的故障扩散；可以提供无功支持和频率控制，用于风电场和分布式发电等可再生能源并网有着特殊的优势；在相联电网故障后能够提供黑启动电源，加快电网故障后的快速恢复能力；换流站占地面积相对于普通直流大为减小。

柔性直流输电技术丰富的性能优势吸引了众多科研技术人员投入到相关的研究及实践工作中，其灵活的控制性能也使得柔性直流的控制保护方法和控制保护装置成为柔性直流技术的研究热点。在基于模块化多电平换流器拓扑结构的柔性直流的控制中，对换流器子模块内部的控制保护是整个控制保护系统中一个非常重要的环节。

发明内容

为了克服上述现有技术的不足，本发明提供一种基于多个子模块捆绑式投切的电容电压平衡控制方法，可以有效地解决大容量基于模块化多电平换流器方式的柔性直流输电换流阀控制问题，可实现大规模数量的换流阀运行控制和监视；通过捆绑方式，使模块化多电平换流阀的子模块数量级别下降一个级别，有利于电容电压平衡控制计算量的降低，降低了对控制设备的要求。

为了实现上述发明目的，本发明采取如下技术方案：

……

与现有技术相比，本发明的有益效果在于：

1. 可以有效地解决大容量基于模块化多电平换流器方式的柔性直流输电换流阀控制问题，可实现大规模数量的换流阀运行控制和监视；

2. 本专利通过捆绑方式，使模块化多电平换流阀的子模块数量级别下降一个级别，有利于电容电压平衡控制计算量的降低，降低了对控制设备的要求；

3. 子模块捆绑为一个模块组之后，整体投切，并利用电容电压平衡算法实现子模块组的电压平衡，子模块组内部通过自适应均压，可实现子模块的总体均压。

附图说明及具体实施方式（略）。

通过对上述申请文件的阅读可知，本专利的核心在于，通过捆绑的方式，使模块化多电平换流阀的子模块数量级别下降一个级别，并且在将子模块捆绑为一个模块组之后，整体投切，并利用电容电压平衡算法实现子模块组的电压平衡，子模块组内部通过自适应均压，可实现子模块的总体均压；有利于电容电压平衡控制计算量的降低，降低了对控制设备的要求。

审查员经实质审查后，下发了第一次审查意见通知书，如图7-13~图7-15

所示。

对上述审查意见进行阅读可知，审查员在第一次审查意见中主要意见在于，本案中在计算需要投入模块组的数目时，说明书只记载了一种方式——根据上层直流控制保护系统下发的指令采用最小逼近法明确当前需要投入的总子模块数目，进而得到此时需要投入的模块组的数目。而当系统下发的指令中的总子模块数目不是模块组数目的整数倍时，审查员认为无法确定需要投入的模块组的数目，也就无法进行投切；此时将导致本领域人员无法实施该发明，不满足专利法第26条第3款的要求，即，本案说明书公开不充分。

在本章第一节"审查意见一般会指出哪些问题？"中，我们已经了解到，在答复关于公开不充分的审查意见时，常见的答复思路有两种：第一种，直接论述根据说明书的记载可以实现本发明；第二种，引入本技术领域公知常识，论述根据本领域公知常识，本领域技术人员就可以实现本发明。

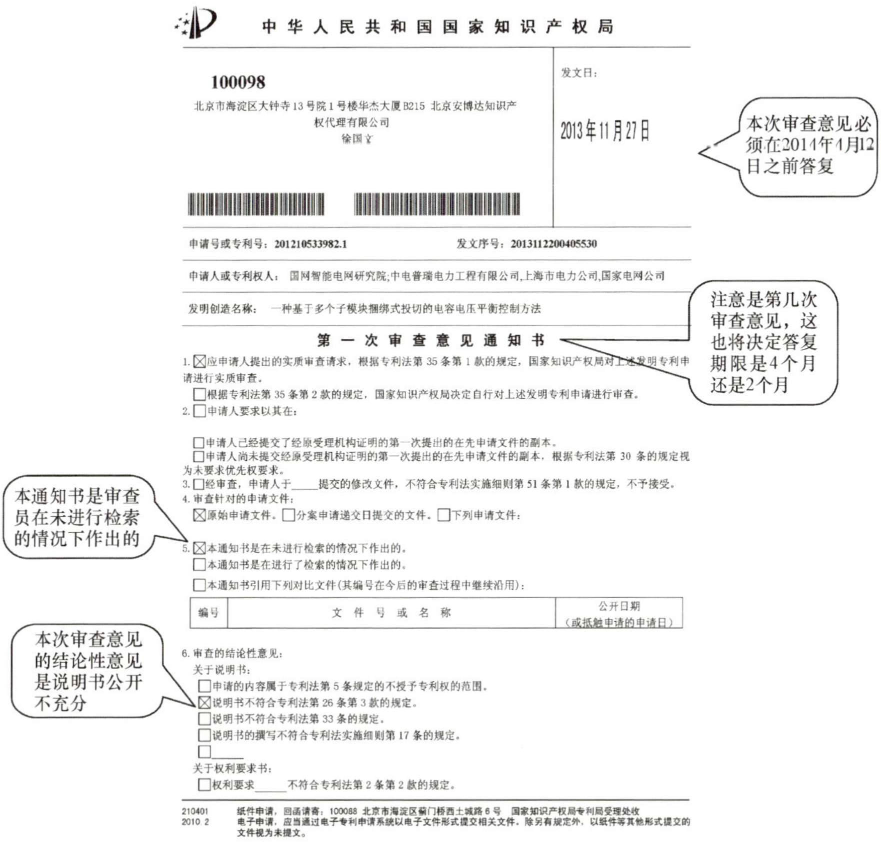

图7-13　第一次审查意见通知书（1）

中 华 人 民 共 和 国 国 家 知 识 产 权 局

☐ 权利要求_____ 不符合专利法第 9 条第 1 款的规定。
☐ 权利要求_____ 不具备专利法第 22 条第 2 款规定的新颖性。
☐ 权利要求_____ 不具备专利法第 22 条第 3 款规定的创造性。
☐ 权利要求_____ 不具备专利法第 22 条第 4 款规定的实用性。
☐ 权利要求_____ 属于专利法第 25 条规定的不授予专利权的范围。
☐ 权利要求_____ 不符合专利法第 26 条第 4 款的规定。
☐ 权利要求_____ 不符合专利法第 31 条第 1 款的规定。
☐ 权利要求_____ 不符合专利法第 33 条的规定。
☐ 权利要求_____ 不符合专利法实施细则第 19 条的规定。
☐ 权利要求_____ 不符合专利法实施细则第 20 条的规定。
☐ 权利要求_____ 不符合专利法实施细则第 21 条的规定。
☐ 权利要求_____ 不符合专利法实施细则第 22 条的规定。
☐ _____
☐ 申请不符合专利法第 26 条第 5 款或者实施细则第 26 条的规定。
☐ 申请不符合专利法第 20 条第 1 款的规定。
☐ 分案申请不符合专利法实施细则第 43 条第 1 款的规定。
上述结论性意见的具体分析见本通知书的正文部分。

> **审查员认为陈述意见或修改后，本案具有授权前景**

7. 基于上述结论性意见，审查员认为：
☐ 申请人应当按照通知书正文部分提出的要求，对申请文件进行修改。
☒ 申请人应当在意见陈述书中论述其专利申请可以被授予专利权的理由，并对通知书正文部分中指出的不符合规定之处进行修改，否则将不能授予专利权。
☐ 专利申请中没有可以被授予专利权的实质性内容，如果申请人没有陈述理由或者陈述理由不充分，其申请将被驳回。
☐ _____

8. 申请人应注意下列事项：
　　(1) 根据专利法第 37 条的规定，申请人应在收到本通知之日起的 4 个月内陈述意见，如果申请人无正当理由逾期不答复，其申请将被视为撤回。
　　(2) 申请人对其申请的修改应当符合专利法第 33 条的规定，不得超出原说明书和权利要求书记载的范围，同时申请人对对专利申请文件进行的修改应当符合专利法实施细则第 51 条第 3 款的规定，按照本通知书的要求进行修改。
　　(3) 申请人的意见陈述书和/或修改文本应邮寄或递交国家知识产权局专利局受理处，凡未邮寄或递交给受理处的文件不具备法律效力。
　　(4) 未经预约，申请人和/或代理人不得前来国家知识产权局专利局与审查员举行会晤。

9. 本通知书正文部分共有 1 页，并附有下述附件：
☐ 引用的对比文件的复印件共_____份_____页。
☐ _____

> **审查员的相关信息，必要时可以电话联系审查员**

审查员：张健　　　　联系电话：0512-88995441　　　审查部门：专利审查协作江苏中心电学发明审查部

210401　　纸件申请，回函请寄：100088 北京市海淀区蓟门桥西土城路 6 号　国家知识产权局专利局受理处收
2010.2　　电子申请，应当通过电子专利申请系统以电子文件形式提交相关文件。除另有规定外，以纸件等其他形式提交的文件视为未提交。

图7-14　第一次审查意见通知书（2）

审查意见所针对的案件，即本案的申请号

中华人民共和国国家知识产权局
第 一 次 审 查 意 见 通 知 书

申请号:2012105339821

本申请涉及一种基于多个子模块捆绑式投切的电容电压平衡控制方法，经审查，现提出如下的审查意见。

本申请的说明书未对发明作出清楚、完整的说明，致使所属技术领域的技术人员不能实现该发明，不符合专利法第二十六条第三款的规定。具体理由如下：依说明书（第[0020]-[0022]段）记载，"1.可以有效的解决大容量基于模块化多电平换流器方式的柔性直流输电换流阀控制问题，可实现大规模数量的换流阀运行控制和监视；2.本专利通过捆绑方式，使模块化多电平换流阀的子模块数量级别下降一个级别，有利于电容电压平衡控制计算量的降低，降低了对控制设备的要求；3.子模块捆绑为一个模块组之后，整体投切，并利用电容电压平衡算法实现子模块组的电压平衡，子模块组内部通过自适应均压，可实现了模块的总体均压。"基于以上内容可知，本发明解决上述问题的主要手段还是依赖于对子模块的捆绑进行整体性投切，来降低子模块数量的级别，实现简化控制的目的。但是，在计算需要投入的模块组的数目 m' 的时候，说明书仅记载了"根据上层直流控制保护系统下发的指令采用最小逼近法明确当前需要投入的总子模块数目，进而得到此时需要投入的模块组的数目 m'，针对以上内容，存在以下问题。由于子模块捆绑为一个模块组之后整体投切，以上内容中不能确定在需要的总子模块数目并不是每组子模块数目的平均值的整数倍的时候，如何确定需要投入的模块组的数目 m'，实现所需要的电压等级。也就是说，在需要某组和某几个子模块的情况下如何进行投切，或者如何来规避该情况的出现，这些在说明书里均没有记载。

基于以上分析，说明书中给出的技术手段是含糊不清的，所属技术领域的技术人员根据说明书中的记载，无法实施该发明。

针对上述缺陷，申请人提供的意见陈述和相应的材料中应当能够反映出本申请如何能够适用于现有技术中在除法取整时的惯用做法。

申请人应当在本通知书指定的答复期限内对本通知书提出的问题逐一进行答复，必要时应修改专利申请文件，否则本申请将难以获得批准。申请人对申请文件的修改应当符合专利法第三十三条的规定，不得超出原说明书和权利要求书记载的范围。

申请人提交的修改文件应当包括：修改涉及部分的原文复印件，采用红色钢笔或红色圆珠笔在该复印件上标注出所作的增加、删除或替换；重新打印的替换页（一式一份），用于替换相应的原文。申请人应当确保上述两部分在内容上的一致性。

审查意见正文包括依据的法条、理由、修改意见及修改时应当注意的事项

审查员:张健
审查员代码:160257

210401　纸件申请，回函请寄：100088 北京市海淀区蓟门桥西土城路 6 号　国家知识产权局专利局受理处收
2010.2　电子申请，应当通过电子专利申请系统以电子文件形式提交相关文件，除另有规定外，以纸件等其他形式提交的文件视为未提交。

图7-15　第一次审查意见通知书（3）

本案代理人采用了第二种答复思路。并在2014年4月4日答复如下：

非常感谢您为审查此案所付出的辛勤劳动！

对贵局发出的申请号为201210533952.1的发明专利申请的第一次审查意见通知书进行如下答复。

《中国电机工程学报》第32卷第28期记载的名称为"适合MMC型直流输电的灵活逼近调制策略"的文章公开了"MMC在提出之后，其调制方式也层出不穷，主要可归为2类，即基于阶梯电平的调制和基于脉宽调制（PWM）的调制。在阶梯电平调制中，最近电平调制（NLM）是现在较受青睐的调制方式，主要是因为其实现操作简单，谐波畸变率低及适合较高电平数特点，具体表现为：不断地将输出波与调制波进行比较，当出现两者相差超过半个电平台阶时，就进行舍

入让输出波电平数取最靠近电平台阶数；为了减小模块电压的波动，其在每次出现电平取舍时，都会重新投切相应模块"，本领域技术人员可以毫无疑义地确定上述内容中的"最近电平调制"即为本申请文件中的"最小逼近法"，且上述内容可以反映出本申请能够适用于现有技术中在除法取整时的惯用做法，因此本申请说明书第2页第[0017]段记载的"根据上层直流控制保护系统下发的指令采用最小逼近法明确当前需要投入的总子模块数目，进而得到此时需要投入的模块组的数目"是清楚的，符合专利法第26条第3款的规定。

若申请文件仍存在不足，恳请再给申请人一次陈述意见的机会。

审查员在收到上述陈述意见之后，继续对本案进行审查，并下发了第二次审查意见通知书，如图7-16~图7-19所示。

对上述审查意见进行阅读可知，审查员在第二次审查意见中的主要意见在于，本案权利要求1~4及6中关于将子模块进行捆绑并整体投切的方案，已经被对比文件1（CN102916592 A）所公开，使得本案权1~4及6不具备新颖性。

在本章第一节"审查意见一般会指出哪些问题？"中，我们已经了解到，在审查员下发关于新颖性的审查意见时，往往是审查员认为权利要求1要求的范围过大。

这类审查意见的答复思路一般有两种：第一种，分析审查员提到的对比文件是否与我们专利申请的方案相同，如果有不同，但申请文件的权利要求1中并没有体现出与对比文件的不同，则需要在权利要求1中增加一些技术特征，使得权利要求1的方案与对比文件不同；第二种，分析后，如果认为审查员提到的对比文件与权利要求1的方案不同，但审查员理解有偏差以致认为二者相同，则此时可以不修改权利要求1，直接陈述二者的不同之处，以最大化地争取权益范围。

仔细阅读对比文件1之后，我们认为，对比文件1中提供的模块化多电平换流器的子模块分组均压控制方法与本案权利要求1中的方案确实较为接近，因此采用第一种答复思路。代理人在2014年6月9日答复如下：

感谢审理此案付出的艰辛劳动。

仔细阅读贵局对申请号为201210533982.1的发明专利申请发出的第二次审查意见通知书，提交权利要求书修改本（详见附件），陈述如下意见：

权利要求书修改本符合专利法第三十三条的规定，事实及理由如下：

第二次审查意见通知书中未对本申请权利要求5进行评价，即默认为权利要求5具有专利法第22条第3款规定的创造性，因此除了修改对权利要求书的编号外，合并权利要求1和5，即可克服审查意见通知书指出的缺陷。

如贵局认为本意见陈述书仍不足以说明本申请具有创造性，恳请再给予申请人一次陈述意见的机会。

中华人民共和国国家知识产权局

100098

北京市海淀区大钟寺13号院1号楼华杰大厦B215 北京安博达知识产权代理有限公司

徐国文

发文日：

2014年05月09日

本次审查意见必须在2014年7月24日之前答复

申请号或专利号：201210533982.1　　　发文序号：2014050601013690

申请人或专利权人：国网智能电网研究院;中电普瑞电力工程有限公司,上海市电力公司,国家电网公司

发明创造名称：一种基于多个子模块捆绑式投切的电容电压平衡控制方法

第 二 次 审 查 意 见 通 知 书

1.☒审查员已经收到申请人于 2014 年 4 月 4 日提交的意见陈述书，在此基础上审查员对上述专利申请继续进行实质审查。

　☐根据国家知识产权局专利复审委员会于＿＿＿年＿＿＿月＿＿＿日作出的复审决定，审查员对上述专利申请继续进行实质审查。

　☐

2.☐经审查，申请人于＿＿＿提交的修改文件，不符合专利法实施细则第51条第3款的规定，不予接受。

3.继续审查是针对下列申请文件进行的：

　☐上述意见陈述书中所附的经修改的申请文件。

　☐前次审查意见通知书所针对的申请文件以及上述意见陈述书中所附的经修改的申请文件替换文件。

　☒前次审查意见通知书所针对的申请文件。

　☐上述复审决定所确定的申请文件。

　☐

4.☐本通知书未引用新的对比文件。

　☒本通知书引用下列对比文件(其编号续前，并在今后的审查过程中继续沿用)：

编号	文 件 号 或 名 称	公开日期 (或抵触申请的申请日)
1	CN 102916592 A	2013 年 2 月 6 日

5.审查的结论性意见：

关于说明书：

　☐申请的内容属于专利法第5条规定的不授予专利权的范围。

　☐说明书不符合专利法第26条第3款的规定。

　☐说明书的修改不符合专利法第33条的规定。

　☐说明书的撰写不符合专利法实施细则第17条的规定。

　☐

关于权利要求书：

210403　　纸件申请，回函请寄：100088 北京市海淀区蓟门桥西土城路6号　国家知识产权局专利受理处收
2010.2　　电子申请，应当通过电子专利申请系统以电子文件形式提交相关文件。除另有规定外，以纸件等其他形式提交的文件视为未提交。

图7-16　第二次审查意见通知书（1）

本次审查意见的结论性意见是部分权利要求不具备新颖性

中 华 人 民 共 和 国 国 家 知 识 产 权 局

☐ 权利要求＿＿＿不符合专利法第 2 条第 2 款的规定。
☐ 权利要求＿＿＿不符合专利法第 9 条第 1 款的规定。
☒ 权利要求 1-4,6 不具备专利法第 22 条第 2 款规定的新颖性。
☐ 权利要求＿＿＿不具备专利法第 22 条第 3 款规定的创造性。
☐ 权利要求＿＿＿不具备专利法第 22 条第 4 款规定的实用性。
☐ 权利要求＿＿＿属于专利法第 25 条规定的不授予专利权的范围。
☐ 权利要求＿＿＿不符合专利法第 26 条第 4 款的规定。
☐ 权利要求＿＿＿不符合专利法第 31 条第 1 款的规定。
☐ 权利要求＿＿＿的修改不符合专利法第 33 条的规定。
☐ 权利要求＿＿＿不符合专利法实施细则第 19 条的规定。
☐ 权利要求＿＿＿不符合专利法实施细则第 20 条的规定。
☐ 权利要求＿＿＿不符合专利法实施细则第 21 条的规定。
☐ 权利要求＿＿＿不符合专利法实施细则第 22 条的规定。
☐ ＿＿＿
☐ 申请不符合专利法第 26 条第 5 款或者实施细则第 26 条的规定。
☐ 申请不符合专利法第 20 条第 1 款的规定。
☐ 分案申请不符合专利法实施细则第 43 条第 1 款的规定。
上述结论性意见的具体分析见本通知书的正文部分。

6. 基于上述结论性意见, 审查员认为:

审查员认为陈述意见或修改后, 本案其有授权前景

☐ 申请人应当按照通知书正文部分提出的要求, 对申请文件进行修改。
☒ 申请人应当在意见陈述书中论述其专利申请可以被授予专利权的理由, 并对通知书正文部分中指出的不符合规定之处进行修改, 否则将不能授予专利权。
☐ 专利申请中没有可以被授予专利权的实质性内容, 如果申请人没有陈述理由或者陈述理由不充分, 其申请将被驳回。
☐ ＿＿＿

7. 申请人应注意下列事项:

（1）根据专利法第 37 条的规定, 申请人应当在收到本通知书之日起的 2 个月内陈述意见, 如果申请人无正当理由逾期不答复, 其申请将被视为撤回。

（2）申请人对其申请的修改应当符合专利法第 33 条的规定, 不得超出原说明书和权利要求书记载的范围, 同时申请人对专利申请文件进行的修改应当符合专利法实施细则第 51 条第 3 款的规定, 按照本通知书的要求进行修改。

（3）申请人的意见陈述书和/或修改文本应当邮寄或递交国家知识产权局专利局受理处, 凡未邮寄或递交给受理处的文件不具备法律效力。

（4）未经预约, 申请人和/或代理人不得前来国家知识产权局与审查员举行会晤。

8. 本通知书正文部分共有 2 页, 并附有下列附件:
☐ 引用的对比文件的复印件共＿＿＿份＿＿＿页。
☐ ＿＿＿

审查员: 张健　　　　　　　　　　　审查部门: 专利审查协作江苏中心电学发明审查部
联系电话: 0512-88995441

图7-17　第二次审查意见通知书（2）

中 华 人 民 共 和 国 国 家 知 识 产 权 局

第 二 次 审 查 意 见 通 知 书

申请号：2012105339821

申请人于 2014 年 4 月 4 日提交了意见陈述书，审查员在阅读了上述文件后，对本案继续进行审查，再次提出如下审查意见。

1. 权利要求 1 不符合专利法第 22 条第 2 款关于新颖性的规定。

该权利要求要求保护一种基于多个子模块捆绑式投切的电容电压平衡控制方法。对比文件 1（CN 102916592 A）公开了一种模块化多电平换流器的子模块分组均压控制方法，该对比文件是一件由他人向专利局提出的专利申请，其申请日 2012 年 11 月 12 日早于本申请的申请日 2012 年 12 月 11 日，公开日为 2013 年 2 月 6 日，在本申请的申请日之后，并具体公开了以下技术特征（参见说明书第[0027]-[0045]段及附图 1-2）：步骤 1：采集各组子模块电压值，并根据桥臂子模块数，对子模块进行平均分组，各组子模块作为整体投入或者切出（即相当于公开了本申请的步骤 1 和步骤 2 中的"将桥臂包括的 M 个子模块进行分组捆绑，得到 m 个模块组"、"所述模块组作为整体投入或者切出"）；步骤 2：计算各组总电压、桥臂电压总和及各组能量平衡因子，结合调制策略得到需投切的子模块数，并计算得到各组需投切的子模块数（即相当于公开了本申请的步骤 3）；步骤 3：将每组子模块按电压值进行排序，根据电流流向和各组需投切的子模块数，对各组子模块进行投切（即相当于公开了本申请的步骤 2 中的"对 m 个模块组的电压进行排序"和步骤 4）。

该权利要求所要求保护的技术方案与该对比文件所公开的内容相比，所不同的仅仅在于用"先对 m 个模块组的电压进行排序，之后计算需要投入的模块组的数目"代替了"先计算需要投入的模块组的数目，之后对 m 个模块组的电压进行排序"，两者所起的作用完全相同，对于所属技术领域的技术人员来说，这种替换是所属技术领域的惯用手段的直接置换，因此该对比文件 1 构成了本申请权利要求 1 的"抵触申请"，从而使该权利要求所要求保护的技术方案不具备新颖性。

2. 权利要求 2 不符合专利法第 22 条第 2 款关于新颖性的规定。

该权利要求引用了权利要求 1，其附加技术特征也在对比文件 1（参见说明书第[0027]-[0045]段及附图 1-2）中公开。对比文件 1 中公开了采集各子模块电压值，则能够直接地、毫无意义地确定相应的硬件部分应具有用于采集并输出各子模块电压的电压采集部分（即相当于本申请的桥臂分段控制单元），因此，在其引用的权利要求 1 不具有新颖性的情况下，该权利要求也不具有新颖性。

3. 权利要求 3 不符合专利法第 22 条第 2 款关于新颖性的规定。

该权利要求引用了权利要求 1，其附加技术特征在对比文件 1（参见说明书第[0027]-[0045]

> 审查员基于检索到的对比文件，针对各权利要求依次论述不符合专利法规定的理由

210403　　纸件申请，回函请寄：100088 北京市海淀区蓟门桥西土城路 6 号　国家知识产权局专利局受理处收
2010. 2　　电子申请，应当通过电子专利申请系统以电子文件形式提交相关文件。除另有规定外，以纸件等其他形式提交的文件视为未提交。

图7-18　第二次审查意见通知书（3）

中 华 人 民 共 和 国 国 家 知 识 产 权 局

段及附图1-2）中公开。对比文件1中，步骤1中，桥臂子模块平均分组过程为：设定一相桥臂

子模块数 N 及每组子模块数 N_i，根据公式 $M = \mathrm{round}\left(\dfrac{N}{N_i}\right)$ 确定分组的组数；其中，M 为桥臂子

模块平均分配的组数，round函数为取大于等于除式所得值的整数。因此，在其引用的权利要求
1 不具有新颖性的情况下，该权利要求也不具有新颖性。

4. 权利要求 4 不符合专利法第 22 条第 2 款关于新颖性的规定。

该权利要求引用了权利要求 1，其附加技术特征在对比文件 1（参见说明书第[0027]-[0045]
段及附图1-2）中公开。对比文件 1 中将每组子模块按电压值进行排序，则能够直接地、毫无意
义地确定相应的硬件部分应具有每组子模块按电压值进行排序的控制部分（即相当于本申请的
桥臂汇总控制单元），因此，在其引用的权利要求 1 不具有新颖性的情况下，该权利要求也不具
有新颖性。

5. 权利要求 6 不符合专利法第 22 条第 2 款关于新颖性的规定。

该权利要求引用了权利要求 1，其附加技术特征在对比文件 1（参见说明书第[0027]-[0045]
段及附图1-2）中公开。对比文件 1 中，在判断对哪些子模块进行投切时：

利用公式 $B_k = \dfrac{U_{\mathrm{givup}}^{(k)}}{U_{\mathrm{sum}}} \times 100\%$ 计算桥臂能量平衡因子，其中 $U_{\mathrm{givup}}^{(k)}$ 是第 k 个分组的总电压

值，U_{sum} 是各个分组总电压值求和得桥臂电压总和，该平衡因子体现了分组后的子模块组的电
压；

设定电流正方向，当子模块电容处于充电状态时，按能量平衡因子 B_k 升序进行排序，优先
投切电容电压低的子模块组，并将其余的子模块组切出；若电流方向为电流负方向，子模块电
容处于放电状态时，按能量平衡因子 B_k 降序进行排序，优先投切电容电压低的子模块组因此，
在其引用的权利要求 1 不具有新颖性的情况下，该权利要求也不具有新颖性。

基于上述理由，本申请按照目前的文本还不能被授予专利权。如果申请人按照本通知书提出的审查意见
对申请文件进行修改，克服所存在的缺陷，则本申请可望被授予专利权。对申请文件的修改应当符合专利法
第三十三条的规定，不得超出原说明书和权利要求书记载的范围。

审查员：张健   审查员代码：160257

210403　　　纸件申请，回函请寄：100088 北京市海淀区蓟门桥西土城路 6 号　国家知识产权局专利受理处收
2010. 2　　　电子申请，应当通过电子专利申请系统以电子文件形式提交相关文件，除另有规定外，以纸件等其他形式提交的
　　　　　　　文件视为未提交。

图7-19　第二次审查意见通知书（4）

由于对权利要求书进行了修改，还需要随审查意见答复稿一并提交修改后的
权利要求书。修改后的权利要求书如下：

1. 一种基于多个子模块捆绑式投切的电容电压平衡控制方法，其特征在于：
所述方法包括以下步骤：

步骤1：上传并汇总子模块状态；

步骤2：将桥臂包括的 M 个子模块进行分组捆绑，得到 m 个模块组，并对 m 个
模块组的电压进行排序，所述模块组作为整体投入或者切出；

步骤3：明确当前需要投入的总子模块数目，进而得到此时需要投入的模块

组的数目m'；

步骤4：根据桥臂电流方向和模块电容电压排序结果选择投切模块组数目和具体模块组；

所述步骤3中，根据上层直流控制保护系统下发的指令采用最小逼近法明确当前需要投入的总子模块数目，进而得到此时需要投入的模块组的数目m'。

2. 根据权利要求1所述的基于多个子模块捆绑式投切的电容电压平衡控制方法，其特征在于所述步骤1中，桥臂分段控制单元将子模块状态上传给桥臂汇总控制单元，所述桥臂汇总控制单元对接收的子模块状态进行汇总。

3. 根据权利要求1所述的基于多个子模块捆绑式投切的电容电压平衡控制方法，其特征在于所述步骤2中，桥臂汇总控制单元对M个子模块按照n个一组进行分组捆绑，得到个模块组，其中$m=M/n$。

4. 根据权利要求1所述的基于多个子模块捆绑式投切的电容电压平衡控制方法，其特征在于所述桥臂汇总控制单元对m个模块组的电压按照从大到小的原则进行排序。

5. 根据权利要求1所述的基于多个子模块捆绑式投切的电容电压平衡控制方法，其特征在于所述步骤4包括以下步骤：

步骤1：以正母线流向负母线为正方向，若此时电流方向为正，选择电压和最小的m_1'个子模块组投入，其余的$（m-m_1'）$个子模块切出；

步骤2：以负母线流向正母线为负方向，若此时电流方向为负，选择电压和最大的m_2'个子模块组投入，其余的$（m-m_2'）$个子模块组切出。

6. 根据权利要求2所述的基于多个子模块捆绑式投切的电容电压平衡控制方法，其特征在于所述桥臂分段控制单元、桥臂汇总控制单元、光CT合并及接口单元、环流控制单元和MMC阀监视单元组成了模块化多电平换流器控制保护系统的阀基控制设备；所述桥臂分段控制单元将子模块状态上传给桥臂汇总控制单元进行汇总；所述环流控制单元下发调制量信息，通过此调制量信息，汇总并进行计算，决定子模块的投切；MMC阀监视单元对MMC阀的状态进行监视，并将监视信息上传至上位机。

审查员在收到上述陈述意见之后，基于修改后的权利要求书继续对本案进行审查，并下发了第三次审查意见通知书，如图7-20~图7-22所示。

对上述审查意见进行阅读可知，审查员在第三次审查意见中的主要意见在于，本案经第二次答复审查意见后，修改后的权利要求1部分内容得不到说明书支持，另有部分内容不清楚，修改后的权利要求4中的"桥臂汇总控制单元"在权利要求4引用权利要求1时没有引用基础，导致不清楚。

在本章第一节"审查意见一般会指出哪些问题？"中，我们已经了解到，在审查员下发关于不支持的审查意见时，往往是因为说明书中只有一个实施例，而权利要求概括了一个较宽的保护范围。此时先要确认实施例中是否真如审查员认为的只有一个实施例，如果是，再进一步考虑根据说明书中的内容是否可以想到简单替换的实施例，这样就可以想办法说明可以支持。如果找不到其他实施例，只能缩小至说明书中记载的实施例。

图7-20　第三次审查意见通知书（1）

中华人民共和国国家知识产权局

☐ 权利要求＿＿＿＿不具备专利法第 22 条第 2 款规定的新颖性。

☐ 权利要求＿＿＿＿不具备专利法第 22 条第 3 款规定的创造性。

☐ 权利要求＿＿＿＿不具备专利法第 22 条第 4 款规定的实用性。

☐ 权利要求＿＿＿＿属于专利法第 25 条规定的不授予专利权的范围。

☒ 权利要求 1，4 不符合专利法第 26 条第 4 款的规定。

☐ 权利要求＿＿＿＿不符合专利法第 31 条第 1 款的规定。

☐ 权利要求＿＿＿＿的修改不符合专利法第 33 条的规定。

☐ 权利要求＿＿＿＿不符合专利法实施细则第 19 条的规定。

☐ 权利要求＿＿＿＿不符合专利法实施细则第 20 条的规定。

☐ 权利要求＿＿＿＿不符合专利法实施细则第 21 条的规定。

☐ 权利要求＿＿＿＿不符合专利法实施细则第 22 条的规定。

☐ ＿＿＿＿

☐ 申请不符合专利法第 26 条第 5 款或者实施细则第 26 条的规定。

☐ 申请不符合专利法第 20 条第 1 款的规定。

☐ 分案申请不符合专利法实施细则第 43 条第 1 款的规定。

上述结论性意见的具体分析见本通知书的正文部分。

6.基于上述结论性意见，审查员认为：

☐ 申请人应当按照通知书正文部分提出的要求，对申请文件进行修改。

☒ 申请人应当在意见陈述书中论述其专利申请可以被授予专利权的理由，并对通知书正文部分中指出的不符合规定之处进行修改，否则将不能被授予专利权。

☐ 专利申请中没有可以被授予专利权的实质性内容，如果申请人没有陈述理由或者陈述理由不充分，其申请将被驳回。

☐ ＿＿＿＿

7. 申请人应注意下列事项：

（1）根据专利法第 37 条的规定，申请人应当在收到本通知书之日起的 2 个月内陈述意见，如果申请人无正当理由逾期不答复，其申请将被视为撤回。

（2）申请人对其申请的修改应当符合专利法第 33 条的规定，不得超出原说明书和权利要求书记载的范围，同时申请人对专利申请文件进行的修改应当符合专利法实施细则第 51 条第 3 款的规定，按照本通知书的要求进行修改。

（3）申请人的意见陈述书和/或修改文本应当邮寄或递交国家知识产权局专利局受理处，凡未邮寄或递交给受理处的文件不具备法律效力。

（4）未经预约，申请人和/或代理人不得前来国家知识产权局与审查员举行会晤。

8. 本通知书正文部分共有 1 页，并附有下列附件：

☐ 引用的对比文件的复印件共＿＿＿＿份＿＿＿＿页。

☐ ＿＿＿＿

> **权利要求1和4得不到说明书支持或者不清楚**

> **审查员认为陈述意见或修改后，本案其有授权前景**

审查员：曹卫琴   审查部门：专利审查协作江苏中心电学发明审查部

联系电话：0512-88995706

图7-21 第三次审查意见通知书（2）

中 华 人 民 共 和 国 国 家 知 识 产 权 局

第 三 次 审 查 意 见 通 知 书

申请号:2012105339821

申请人于 2014 年 6 月 9 日针对第一次审查意见通知书提交了意见陈述书和修改后的权利要求 1-6,审查员在阅读了上述文件后对本案继续进行审查,并再次提出如下审查意见:

1、权利要求 1 记载了"一种基于多个子模块捆绑式投切的电容电压平衡控制方法",其中子模块可指任一电路中的子模块,而说明书第 25 段只记载了"模块化多电平换流器由多个子模块串联组成",因此说明书只记载了"模块化多电平换流器中多个子模块"这一技术方案,因此权利要求 1 中的子模块概括范围过宽,该缺陷造成权利要求 1 得不到说明书的支持,不符合专利法第 26 条第 4 款的规定。

权利要求 1 中记载了"步骤 4 为根据桥臂电流方向和模块电容电压排序结果选择投切模块组数目和具体模块组",本领域技术人员不知如何根据桥臂电流方向和模块电容电压排序结果来选择投切模块组数目和具体模块组,该缺陷造成权利要求 1 保护范围不清楚,不符合专利法第 26 条第 4 款的规定。

2、权利要求 4 中以所述限定了"桥臂汇总控制单元",而在其引用的权利要求 1 中并没有记载该技术特征,由此导致权利要求 4 不清楚,因此权利要求 4 不符合专利法第 26 条第 4 款的规定。

基于上述理由,本申请按照目前的文本还不能被授予专利权。如果申请人按照本通知书提出的审查意见对申请文件进行修改,克服所存在的缺陷,则本申请可望被授予专利权。对申请文件的修改应当符合专利法第三十三条的规定,不得超出原说明书和权利要求书记载的范围。

审查员:曹卫琴　　　　　　　　　　　　审查员代码:559658

210403　　　纸件申请,回函请寄:100088 北京市海淀区蓟门桥西土城路 6 号　国家知识产权局专利受理处收
2010.2　　　电子申请,应当通过电子专利申请系统以电子文件形式提交相关文件。除另有规定外,以纸件等其他形式提交的文件视为未提交。

图7-22　第三次审查意见通知书(3)

本案采用的是缩小范围的答复思路。关于不清楚的审查意见,可以采用修改引用关系的方式克服。代理人的答复如下:

感谢审理此案付出的艰辛劳动。

仔细阅读贵局对申请号为2012105339821.的发明专利申请发出的第三次审查意见通知书,提交权利要求书修改本(详见附件),陈述如下意见:

一. 权利要求书修改本符合专利法第三十三条的规定,事实及理由如下:

1.除了修改对权利要求书的编号外,合并权利要求1和5;

2.根据说明书第25段记载的内容,将权利要求1中的"上传并汇总子模块状态"修改为"上传并汇总模块化多电平换流器中多个子模块状态"

3.修改权利要求4的引用关系,即修改为引用权利要求3,即可克服权利要求4不清楚问题。

二. 权利要求书修改文本克服了审查意见通知书上指出的缺陷。

由于本次答复对权利要求进行了修改,因此在提交审查意见答复文档时,需要进一步提交修改后的权利要求书。修改后的权利要求书如下:

1. 一种基于多个子模块捆绑式投切的电容电压平衡控制方法，其特征在于：所述方法包括以下步骤：

步骤1：上传并汇总模块化多电平换流器中多个子模块状态；

步骤2：将桥臂包括的M个子模块进行分组捆绑，得到m个模块组，并对m个模块组的电压进行排序，所述模块组作为整体投入或者切出；

步骤3：明确当前需要投入的总子模块数目，进而得到此时需要投入的模块组的数目m'；

步骤4：根据桥臂电流方向和模块电容电压排序结果选择投切模块组数目和具体模块组；所述步骤3中，根据上层直流控制保护系统下发的指令采用最小逼近法明确当前需要投入的总子模块数目，进而得到此时需要投入的模块组的数目m'。

所述步骤4包括以下步骤：步骤4-1：以正母线流向负母线为正方向，若此时电流方向为正，选择电压和最小的m_1'个子模块组投入，其余的（$m-m_1'$）个子模块切出；步骤4-2：以负母线流向正母线为负方向，若此时电流方向为负，选择电压和最大的m_2'个子模块组投入，其余的（$m-m_2'$）个子模块组切出。

2. 根据权利要求1所述的基于多个子模块捆绑式投切的电容电压平衡控制方法，其特征在于所述步骤1中，桥臂分段控制单元将子模块状态上传给桥臂汇总控制单元，所述桥臂汇总控制单元对接收的子模块状态进行汇总。

3. 根据权利要求1所述的基于多个子模块捆绑式投切的电容电压平衡控制方法，其特征在于所述步骤2中，桥臂汇总控制单元对M个子模块按照n个一组进行分组捆绑，得到个模块组，其中$m=M/n$。

4. 根据权利要求3所述的基于多个子模块捆绑式投切的电容电压平衡控制方法，其特征在于所述桥臂汇总控制单元对m个模块组的电压按照从大到小的原则进行排序。

5. 根据权利要求2所述的基于多个子模块捆绑式投切的电容电压平衡控制方法，其特征在于所述桥臂分段控制单元、桥臂汇总控制单元、光CT合并及接口单元、环流控制单元和MMC阀监视单元组成了模块化多电平换流器控制保护系统的阀基控制设备；所述桥臂分段控制单元将子模块状态上传给桥臂汇总控制单元进行汇总；所述环流控制单元下发调制量信息，通过此调制量信息，汇总并进行计算，决定子模块的投切；MMC阀监视单元对MMC阀的状态进行监视，并将监视信息上传至上位机。

审查员在收到第三次审查意见的答复文件后，认为本案申请文件已经达到授权的标准，于是下发了授权通知书。收到授权通知书后，只需要在规定的时间内办理登记手续，就可以领到发明专利证书。

实用贴士

→ 在答复审查意见时，透过技术表面上的相似之处，重点分析技术方案与现有技术实质上的不同点，阐述不同点带来的意想不到的技术效果，这是争取专利申请授权的关键所在。

→ 在判断创造性时，应当从整体上考虑所要求保护的发明，在确定区别特征时不仅要考虑技术方案的组成要素，也要考虑要素之间的相互关系。

→ 为避免直接驳回，可在答复时将说明书中创造性相对较高，从未被审查员评述过的技术特征添加到权利要求中，当然，添加技术特征的同时，需要对添加的技术特征的创造性进行论述和争辩。

第八章

专利驳回救济篇
——驳回之后的急救与逆袭

华佗是东汉末年著名的医学家

精通针灸、手术，更是世界上第一位发明麻醉剂的先驱

被后人称为"神医"

专利毫无防备地被驳回的时候

也需要我们学习华佗攻关克难，让专利"起死回生"

本章重点探讨专利驳回之后各种的急救方法

第一节

防患于未然
——尽量降低驳回的概率

🔍 什么是专利的驳回?

在审查意见答复过程中，若申请人对申请文件的修改未能消除审查文件存在的缺陷，或者申请人的答复意见未能被审查员接受，这种情况下，审查员会认为申请文件不符合授予专利权的条件，会发出驳回决定通知书，如图8-1所示，驳回该专利申请。

在驳回决定通知书中，会给出具体的驳回依据和驳回理由，如果觉得审查员的意见没有道理，可以在收到驳回决定通知书3个月内向专利复审委员会提交复审请求，并同时缴纳复审的官费。在复审请求中要写明，为什么觉得审查员在驳回决定中的意见不正确，在提交复审请求的同时也可以对申请文件进行修改，以克服存在的问题。

图8-1　驳回决定通知书示例

如何降低专利申请被驳回的风险？

很多时候，一件专利申请被驳回，并不意味着专利申请中没有记载可以被授权的实质性内容，只是已经符合了驳回时机。也就是说，部分被驳回的案件，如果申请人的答复和修改得当，仍然能够获得授权的。

《专利审查指南》中规定：审查员在做出驳回决定之前，应将其经过实质审查认定申请属于应予驳回情形的事实、理由和证据通知申请人，并给申请人至少一次陈述意见和/或修改申请文件的机会。如果申请人对申请文件进行了修改，即使修改后的申请文件仍然存在予以驳回的缺陷，但只要驳回所针对的事实改变，就应当再给申请人一次陈述意见和/或修改申请文件的机会。在审查实践中，假如两次修改都涉及同类缺陷，且修改后的申请文件仍然存在用已通知申请人的理由和证据予以驳回的缺陷，就可以做出驳回决定。

一般来说，如果申请人没有对申请文件进行修改，通常都符合驳回时机，如果进行了修改，对于同一缺陷，通常会再给一次修改的机会。

在了解了驳回时机的前提下，申请人可以在答复时预先判断被驳回的可能性，在驳回的风险与权利要求保护范围最大化之间寻求一个平衡。

以创造性为例，申请人在答复时除了克服创造性的缺陷，尽量避免驳回之外，还想使得独立权利要求的保护范围尽量大，以保护自己的权益。此时就可以合理利用驳回时机。由于存在两次修改的机会，申请人在答复时如果判断此次修改后不会符合驳回时机，则可以选择加入尽量少的特征，使得权利要求的保护范围不会过小，同时在意见陈述书中详细论述独立权利要求存在创造性的理由。这样一方面即使审查员认为权利要求仍然不具备创造性，但由于不和驳回时机也不能驳回。另外一方面通过与审查员的交流，能够获知审查员的倾向性意见和态度，为第二次修改打下基础，反之，如果此次修改已经符合驳回时机，那么就应当更加谨慎地进行答复。

需要特别指出的一点是，驳回时所针对的权利要求是以项为基础的。例如权利要求中包括权利要求1和引用权利要求1的权利要求2，如果审查员已经评述过权利要求1~2没有创造性，那么申请人在答复时仅将权利要求2加入权利要求1中，那么虽然表面上进行了修改，但实质上权利要求2已被评述过没有创造性，可以认为是没有进行修改，这种情况下可以直接做出驳回决定。因此，为避免出现以上问题，申请人在修改时应尽量考虑往独权中加入说明书中公开的特征或者未被审查员评述过的权项的特征。

被驳回的专利还有复活的希望吗？

专利申请被驳回了，是不是就相当于该专利申请彻底"死掉"了呢？其实不是，被驳回的专利，还有复活的希望。

根据专利法的相关规定，如果对知识产权局的驳回决定不服，可以启动专利复审程序。专利复审程序是要求官方重新审查判断该专利申请是否可以授权的程序，如果复审请求被复审委员会接受，则本专利申请将得到重新审查的机会，有可能会推翻之前的审查意见，重新获得授权。

对于重要的专利申请，例如涉及标准提案的必要专利申请、行业关键技术的相关专利申请、新业务的基础专利申请等，都应当尽力争取通过复审，改变被驳回的命运，获得授权。

如果收到驳回决定3个月内不启动复审程序，则驳回决定生效，该专利申请进入公知领域，公开的技术方案任何人均可自由使用。

专利驳回后，除了提复审，还能做什么？

对于被驳回的申请，如果该申请中有2项或2项以上的发明创造的，自申请人收到驳回决定的3个月内，不论申请人是否提出复审请求，均可以提出分案申请。在复审及后续的行政诉讼期间，申请人也可提出分案申请。

利用分案申请可以要求保护未写入权利要求书中的发明创造。原说明书中公开了若干项发明创造，但是在原申请的权利要求书中由于种种原因仅要求保护了其中的几项发明创造。在这种情况下，可以依据原始公开在说明书中的发明创造撰写新的权利要求书并提出分案申请。

例如，原申请中公开了一种打印引擎和一种用于该打印引擎的电机装置，但是在原申请权利要求部分仅要求保护打印引擎。申请人可以在收到原申请的驳回决定3个月内基于用于打印引擎的电机装置提出分案申请。在这种情况下，由于电机装置的权利要求并未出现在原申请的权利要求部分，申请人需要为分案申请撰写电机装置的新的权利要求书，说明书可以使用原申请的说明书。在撰写权利要求书的过程中，需注意不能超出原始申请文件公开的范围。

第二节

砥砺前行
——不要忘记你拥有启动复审的权利

🔍 什么情况下可以启动复审？

趣专利·学一学

专利复审程序的启动有一定的时间限制，专利申请人在接到驳回专利申请通知后3个月的时间内可以决定是否请求复审。如图8-2所示，国家知识产权局做出驳回专利申请的决定包括两种情况：一种是国家知识产权局经过初步审查后，认为发明、实用新型或者外观设计专利申请不符合专利法的规定而予以驳回；另一种是国家知识产权局经过实质审查后，认为发明专利申请不符合专利法的规定而予以驳回。

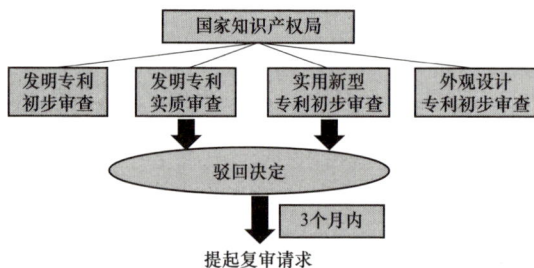

图8-2 专利的复审程序

如图8-3所示，复审程序启动的主体是专利申请人，只有专利申请人才有资格提起复审请求，其他任何单位和个人都无权启动复审程序，是一种单方当事人参与流程。

图8-3　复审程序的启动主体是专利申请人

复审有哪些具体流程？

从实质内容来讲，复审程序就是另外一个实质审查程序，其审核要求、内容与实质审查高度类似，主要流程如图8-4所示。

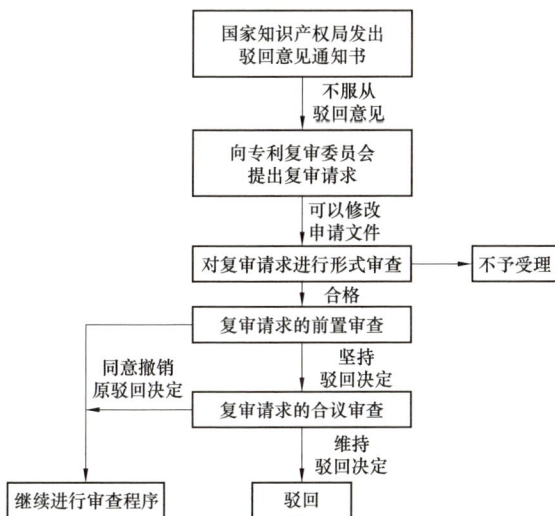

图8-4　复审程序的流程

复审程序主要包括形式审查、前置审查和合议审查三部分。

1. 形式审查

主要审查复审请求客体、复审请求人的资格、期限、文件形式及费用。

2. 前置审查

形式审查通过后进入前置审查，前置审查是由专利复审委员会将复审请求书连同案卷一并转交给做出驳回决定的原审查部门进行再次审查的过程。

前置审查主要是对复审人提出的新的证据或者理由进行审查，如果复审请求人对申请文件进行了修改，则要先审查修改是否满足要求，即：一是如果修改权利要求，只能继续限定，缩小权利要求；二是修改只能针对驳回决定直接针对的权利要求。

前置审查的结论有两种，一种是同意撤销驳回决定，另外一种是坚持驳回决定。

对于同意撤销驳回决定的，原审查部门会将前置审查意见发给专利复审委员会，专利复审委员会不再进行合议审查，会根据前置审查意见做出复审决定，通知复审请求人，并由原审查部门继续进行审查程序。

对于坚持驳回决定的，则由专利复审委员会进行合议审查。

3.合议审查

合议审查的内容主要针对驳回决定所依据的理由和证据进行审查，其要求和实质审查的要求相同。

针对一项复审请求，合议组可以采取书面审理、口头审理或者两者结合的方式进行审查。

在合议审查阶段，审查员可以根据需要发出复审通知书，这个时候就需要复审请求人在指定期限内进行答复。

合议审查的结论与前置审查类似，也可以分为两类，即驳回或者继续进行实质审查，只不过合议审查的结论就是复审程序的最终结论。

到底要不要启动复审？

趣专利·测一测

前面我们简要地介绍了复审的启动要求及流程，那么是不是所有被驳回的专利都需要提起复审呢？

答案是否定的，原因主要有两点：第一，复审是需要花钱的，除了官费1000元，还需要支付一定的代理费；第二，复审是需要花费人力的，发明人、代理人还有知识产权局的审查员都需要做大量的工作。所以，并不建议所有被驳回的专利都提复审。

对于被知识产权局驳回的专利申请是否要提复审，需要考虑很多方面的因素，归纳起来主要有两点，即应结合专利申请的授权前景以及方案的商业价值确定是否提出复审请求。

收到驳回决定通知书，应对其进行仔细分析，以明确申请的方案是否真的如审查员所认为的没有授权前景，对于授权前景不高且商业价值低的专利申请，不需要提出复审请求；如果我们分析后认为审查员的意见并不正确，同时方案具有一定的商业价值，就应当提出复审，争取撤销驳回，获得授权。

案例8-1

一种荒化及沙漠土地治理方法（200510017280.8）

该方案的大意是：通过修公路铺涵管在沙漠上养鸡，鸡粪让沙地肥沃起来，然后通过涵管引水灌溉沙地，在沙地种植农作物，再换个地方养鸡。

在实质审查过程中，审查员以要实施权利要求的技术方案成本巨大，且会导致严重的环境污染和资源浪费，明显脱离社会需要，缺乏有益效果，因而不具有实用性为由，驳回了本申请。

申请人对该驳回决定不服，向专利复审委员会提出了复审请求。复审请求中认为：① 本申请有利于改造沙漠、改善环境，对环境和社会肯定是有益的，不属于指南中"明显无益"的情形；② 审查员认为本申请成本巨大的理由在专利法和《专利审查指南》中找不到依据。

本案经前置审查及合议组合议后，合议组认为：本申请的技术方案解决的技术问题是：提供一种分割治理沙漠，并且进行养殖经营的治理沙漠方法。一方面，由于本发明权利要求1中的步骤是在有限的范围内逐步进行的，因此其在产业上是可以实施的。另一方面，执行这些技术措施显然可以获得相应的技术效果，因此实施本申请所产生的经济、技术和社会的效果是所属技术领域的技术人员可以预料到的，也是积极的和有益的。一项技术方案，虽然在某些方面可能具有不足或可能取得一些负面的效果，例如在驳回决定中所认为的，实施本申请的技术方案将会浪费大量资源和导致严重的环境污染，但是只要其能解决技术问题，能够取得一定的有益效果，则仍应认为该技术方案具有积极的效果。

本案最终的复审决定认为本案符合专利法第22条第4款实用性的规定。

从上面的例子可以看出，即使收到了驳回决定通知书，若不认同审查员的意见，可以考虑提交复审请求，这种情况下专利申请依然有可能通过发明人、代理人和专利审核人员的共同努力而获得授权。

　　被驳回的专利申请中，因新颖性和创造性问题被驳回是其中非常主要的一种类型。在分析这类驳回决定通知书时，主要是从技术角度来分辨本申请技术方案与审查员提供的对比文件的技术方案是否相同。这与答复审查意见通知书时进行的分析本质上是相同的，即发明人应积极配合专利代理人分析审查员对对比文件和本专利申请请求保护的技术方案的对比分析是否正确，本专利申请与对比文件是否存在实质性的技术区别点，并提供有关本专利申请的现实和未来的应用情况、对企业的重要程度等相关信息，与专利代理人共同确定是否需要请求复审。

第三节

临危不乱
——必要时采取特殊的分案申请

🔍 什么是分案？

专利的分案申请指如果一件专利申请包括多个发明创造的，申请人最迟应当在收到知识产权局做出授予专利权通知书之日起2个月内向知识产权局提起分案申请。即将一项专利申请拆分成两项以上的专利申请的申请。但是，专利申请已经被驳回、撤回或者视为撤回的，不能再提出分案申请。

也就是说，如果申请人为了图方便、省钱或者其他理由，在一件专利申请里包含多个专利方案，则要么审查员会主动下发审查意见要求申请人分案，要么申请人可以自己提出分案申请，让一个专利申请变成多个。

🔍 分案有什么要求？

设立分案申请制度的本意是考虑到当一件专利申请存在单一性缺陷时，可以为申请人提供一种救济方式，是给予申请人在一件专利申请中不能被保护的其他发明创造以保护的一种救济途径。此外，分案申请作为一类特殊申请，享有其特殊的权利，分案申请可以享有原申请的申请日，原申请有优先权的，可以享有优先权日。同时，提出分案申请也有其特殊的要求，分案申请的内容不得超出原申请公开的范围，且不得改变原申请的类别。另外，分案申请的申请人应与原申请一致，发明人也应与原申请一致或是其中部分成员。

分案申请的具体要求如下：

（1）从时间方面来说，根据现行的法律，只要专利申请处于"未终止"的状态都可以进行分案申请。

"未终止"的状态是指专利申请未被驳回、撤回或者视为撤回，而提出分案申请的终结时间是在国家知识产权局下发了专利授权通知书后的2个月内。

值得注意的是，"被驳回"并不是说的下发驳回通知书之后就不能进行分案申请，只要专利进入了驳回复审的程序，仍然可以进行专利分案。就是可以通过分案的方式，在驳回复审阶段删除一些不利于专利审查的部分，从而提高授权率。

而只有当申请人放弃做驳回复审，专利最终失效或者驳回复审没有成功，才会丧失专利分案的机会。

（2）从材料方面说，办理分案申请，除了要提交申请人的资质证明及申请文件外，还应当提交原申请的申请文件副本（包含申请日、申请号）以及原申请中与本分案申请有关的其他文件副本，如优先权文件副本。

值得注意的是，分案后的新案必须是"母案"衍生出来的"子案"。因此除了"子案"保留了"母案"的申请日之外，还必须保证其申请材料里的内容必须在"母案"的范围之内。换句话说即是权利要求不能超范围，说明书不能增加新的技术内容。

🔍 应用分案时需要注意些什么？

趣专利·学一学

根据上面分案申请提出的时间要求可知，从申请人提出"母案"申请之日起，到"母案"最终结案生效的时间阶段内，申请人均能够提出分案申请。由于从提出申请到审查结案的时间周期通常在20个月以上，这就意味着申请人有较为充分的时间去设计和完善分案请求保护的内容。

申请人可选择在审查结案前主动进行分案，其目的是为了完善母案权利要求书的保护范围。需要注意的是，分案申请必须满足的一个前提是：分案申请不能超出母案记载的范围。也就是说，在分案申请中不能出现母案未记载的技术方案。一般而言，分案的说明书和母案说明书的内容完全相同，区别主要在于两者权利要求书请求保护的内容不同。也就是说，主动分案主要用于保护在母案说明书中有所记载，但是未在母案权利要求书中请求保护的技术方案。而申请人主动分案提出通常出于以下两种考虑：

（1）弥补母案权利要求的撰写缺陷。发明的保护范围是以权利要求的内容为准，然而，由于申请人或代理人经验水平有限或者时间准备不足，有可能最初在母案的撰写过程中将权利要求的保护范围限制过小。然而，由于《专利审查指南》中规定，在发明的实质审查过程中，申请人不得主动删除独立权利要求中的特征，或者主动改变独立权利要求中的特征，以扩大请求保护的范围。但是，申请人通过主动分案，在分案中进行上述修改，则可以不受上述规定的限制。

例如，申请人可以在分案中主动将母案权利要求中出现的"螺旋弹簧"特征修改为更加上位的"弹性部件"，只要在母案说明书相关的技术方案中记载了"弹性部件"即可。又如，对于母案的权利要求存在多余指定了非必要技术特征的情形，申请人可以通过分案将上述多余特征进行删除，以扩大保护范围。

再例如，苹果公司的一件申请号为CN200910175855.7、发明名称为"通过在解锁图像上执行姿态来解锁设备"的发明专利申请中保护了一种解锁手持电子设备的方法，方案核心是如果在触敏显示器上移动解锁图像导致该解锁图像从第一预定位置移动到触敏显示器上的预定解锁区域，就解锁手持电子设备。

该申请是一件分案申请，其母案是申请号为CN200680052770.4、发明名称为"通过在解锁图像上执行手势来解锁设备的方法和设备"的发明专利申请，在母案的申请文件中，保护了一种用于具有触敏显示器的电子设备的信息处理方法，方案的核心是沿触敏显示器上的预定显示路径移动解锁图像，如果检测到的接触与预定手势相对应，则解锁电子设备。

将上述母案权利要求内容与分案权利要求中相应部分内容对比可知，分案的权利要求保护范围更大，母案中限定了要沿着预定显示路径移动解锁图像，而子案中并没有该限定，即申请人通过主动分案，实现了扩大权利要求保护范围的目的。

（2）保护其他可挖掘的技术方案。对于经验丰富的申请人而言，其更多是在母案说明书中挖掘出未请求保护的技术方案，并通过分案予以保护。方案的挖掘一般可以从两方面展开：一是寻找与母案发明点相近似的变形实施方式；另一是寻找与母案发明点相关联的其他技术内容，比如沿着相关发明所处的产业链位置，向上游或下游进行搜索。

例如，母案请求保护一种新的产品A，那么可以考虑母案说明书中是否还记载了该产品A的其他变形形式，例如产品的材质、形状、内部结构是否存在可替换的其他实施方式；从产品A的关联性来看，可以考虑产品A的制造方法；用于制造产品A的设备；产品A的工作方式；产品A的使用方法；产品A的核心部件，该产品A可应用的设备或系统；上述内容都是分案申请可以寻求保护的内容。通过上述内容的挖掘，能够实现围绕一个主要发明点的专利布局。

由于分案能够请求保护的内容与母案说明书所记载的内容是息息相关的，因此，在撰写母案的说明书时，应记载与主要发明点相关联的多方面内容，并尽可能以多种变形的实施例予以呈现，从而确保说明书有充足的技术方案供申请人能够通过分案予以保护。

典型案例

本节将以2016年国家知识产权局评出的十大复审典型案例之一的"CN200910175855.7通过在解锁图像上执行姿态来解锁设备"的复审过程为例，对驳回之后的复审过程进行介绍。

本案例的申请人为苹果公司，是申请号为CN200680052770.4的发明专利申请的分案申请，母案申请日为2006年11月30日，授权日是2010年12月29日；分案（本案例）申请递交日为2009年09月23日，优先权日为2005年12月23日，公开日为2010年04月21日。

本案例递交至知识产权局的原始专利申请文件如下：

权利要求书

解锁方法

1. 一种解锁手持电子设备的方法，所述手持电子设备包括触敏显示器，所述方法包括：检测在相应于解锁图像的第一预定位置与触敏显示器的接触；按照在保持与触敏显示器的持续接触的同时所述接触的移动，在触敏显示器上移动所述解锁图像；及如果所述在触敏显示器上移动所述解锁图像导致该解锁图像从第一预定位置移动到触敏显示器上的预定解锁区域，解锁所述手持电子设备。

......

采用该解锁方法的电子设备

7. 一种便携式电子设备，包括：触敏显示器、存储器、一个或多个处理器及一个或多个模块，存储在存储器中并被配置成由所述一个或多个处理器执行。所述一个或多个模块包括：检测在相应于解锁图像的第一预定位置与触敏显示器的接触的模块；按照在保持与触敏显示器的持续接触的同时所述检测到的接触的移动，在触敏显示器上移动所述解锁图像的模块；及如果解锁图像从触敏显示器上的第一预定位置移动到触敏显示器上的预定解锁区域，解锁所述便携式电子设备的模块。

......

11. 一种具有触敏显示器的便携式电子设备，包括：用于在所述设备处于用户界面锁定状态的同时在触敏显示器上的第一预定位置显示解锁图像的装置；用于检测与触敏显示器的接触的装置；用于响应于检测到所述接触，按照在保持与触敏屏的持续接触的同时所述接触的移动，在触敏显示器上移动所述解锁图像的装置；及用于如果所述在触敏显示器上移动所述解锁图像导致该解锁图像从第一预定位置移动到触敏显示器上的预定解锁区域，使所述设备转换到用户界面解锁状态。

> 采用该解锁方法的便携式电子设备

12. 一种解锁手持电子设备的装置，所述手持电子设备包括触敏显示器，所述装置包括：用于检测在相应于解锁图像的第一预定位置与触敏显示器的接触的部件；用于按照在保持与触敏显示器的持续接触的同时所述接触的移动，在触敏显示器上移动所述解锁图像的部件；及用于如果所述在触敏显示器上移动所述解锁图像导致该解锁图像从第一预定位置移动到触敏显示器上的预定解锁区域，解锁所述手持电子设备的部件。

> 实现该解锁方法的软件产品

……

<h2 style="text-align:center">说明书</h2>

通过在解锁图像上执行姿态来解锁设备

本申请是申请号为200680052770.4、申请日为2006年11月30日、发明名称为"通过在解锁图像上执行姿态来解锁设备"的发明专利申请的分案申请。

> 本案母案的相关信息

相关申请

本申请涉及2005年12月23日提交的名为"Indication of Progress Towards Satisfaction of a User Input condition"的美国专利申请11/322，550，其中该申请全部内容包括在此以供参考。

> 本案其他相关案件信息

技术领域

本公开实施例一般涉及使用了触敏显示器的用户界面，尤其涉及在便携式电子设备上解锁用户界面。

背景技术

在本领域中，触敏显示器（也被称为"触摸屏"或"触控屏"）是众所周知的。在很多电子设备中都使用了触摸屏来显示图形和文本，以及提供可供用户与设备进行交互的用户界面。触摸屏检测并响应于该触摸屏上的接触。设备可以在触摸屏上显示一个或多个软按键、菜单以及其他用户界面对象。用户可以通过接触其希望与之交互的用户界面对象所对应的触摸屏位置，来与设备进行交互。

在移动电话和个人数字助理（PDA）之类的便携设备上，越来越普遍地使用触摸屏作为显示器和用户输入设备。如果在便携设备上使用触摸屏，伴随而来的一个问题是：无意地接触触摸屏会导致无意中激活或停用某些功能。因此，一旦满足预定锁定条件，例如进入主动呼叫，经过预定空闲时间或是用户手动锁定，那么便携设备、此类设备的触摸屏和/或运行在此类设备上的应用可被锁定。

具有触摸屏的设备和/或运行在此类设备上的应用可以被多种公知解锁过程中的任何一种解锁，例如按下预定的一组按钮（同时或顺序地）或是输入代码或密码。但是，这些解锁过程存在缺点。按钮组合可能难以执行。创建、记忆和回忆密码、代码等可能会很麻烦。这些缺点可能降低解锁过程的易用性，从而通常降低了设备的易用性。

相应地，需要更有效和用户友好的过程来解锁此类设备、触摸屏和/或应用。更一般地，需要更有效和用户友好的过程来使此类设备、触摸屏和/或应用在用户界面状态之间转换（例如，从第一应用的用户界面状态转换到第二应用的用户界面状态，在同一应用的用户界面状态之间转换，或者在锁定与解锁状态之间转换）。此外，还需要给用户关于发生转换所需要的用户输入条件的满足进度的感觉反馈。

发明内容、附图说明及具体实施方式（略）。

图8-5为本案例原始专利申请文件中对滑动解锁界面的附图。

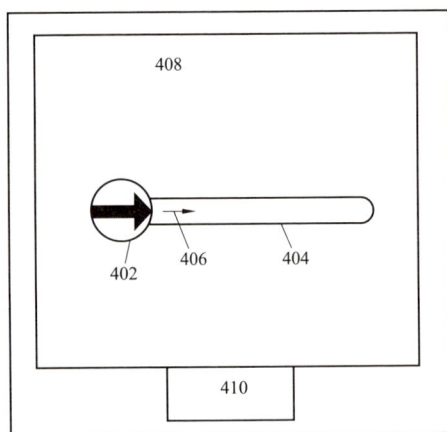

图8-5 滑动解锁界面

402—解锁图像；404—通道；406—箭头；408—触摸屏；410—菜单按钮

在实质审查过程中，为了克服审查员指出的问题，苹果公司对权利要求1进行了修改，修改后的权利要求1如下：

1. 一种解锁手持电子设备的方法，所述手持电子设备包括触敏显示器，所述方法包括：

检测在相应于解锁图像的第一预定位置与触敏显示器的接触，其中，所述解锁图像是一个图形交互式用户界面对象，用户可以与该图形交互式用户界面对象交互以解锁所述手持电子设备；

> 画线部分为增加内容

按照在保持与触敏显示器的持续接触的同时所述接触的移动，在触敏显示器上移动所述解锁图像；及如果所述在触敏显示器上移动所述解锁图像导致该解锁图像从第一预定位置移动到触敏显示器上的预定解锁区域，解锁所述手持电子设备。

从上述修改可以看出，申请人是想强调本案仅通过一个图形交互式用户界面来对电子设备进行解锁、与对比文件1中通过多个图标序列来解锁功能之间的区别。

在实质审查后，审查员仍然认为修改后的权利要求1不符合要求，于2013年04月09日发出驳回决定，驳回了本申请，其理由是权利要求1–17不具备专利法第22条第3款规定的创造性。

驳回决定中引用两篇对比文件，即：对比文件1：US 5821933 A，授权公告日为1998年10月13日；对比文件2：WO 2005041020 A1，公开日为2005年05月06日。

对比文件1的摘要如下：

公开了一种用于防止对计算机中的受限功能的未授权访问的方法。其解决方案是通过创建和使用一种图标化口令（iconic password）来解决这一问题；用户通过在计算机上使用图形用户界面（GUI）以选择两个或更多的视觉图标的方式，按照被称为代码图标序列的顺序输入被称为代码图标的密码。将输入的序列与表示限制功能的靶序列进行比较；如果输入序列与靶序列相匹配，则用户被允许执行/访问被限制的功能。

图8-6为对比文件1中对通过图标化口令输入密码的界面的附图。

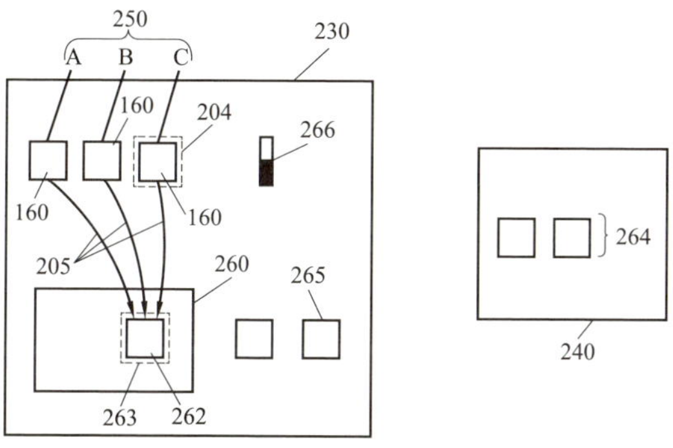

图8-6　通过图标化口令输入密码的界面

160—代码图标；204—选中代码图标；205—拖拽动作；230—图形用户界面；240—靶序列界面；250—序列；260—代码目标位置；262—目标图标；263—限制功能图标；264—靶序列；265—选中目标图标；266—指示器；A、B、C—序列

对比文件2的摘要如下：

一种用于将属于该电子装置的该用户接口的该快捷菜单的第一快捷键（例如26）的该内容移动变为属于该相同快捷菜单的第二快捷键（例如22）的该内容的方法。本发明的主题还是一种电子装置、一种在该装置中使用的触摸显示器以及一种在该装置中使用的应用程序。在根据本发明的该方法中，使用该拖放方法可以将电子装置的该显示器（20）上的快捷键（26）的内容移动变为该第二快捷键（22）的内容。

图8-7为对比文件2中对快捷键设置界面的附图。

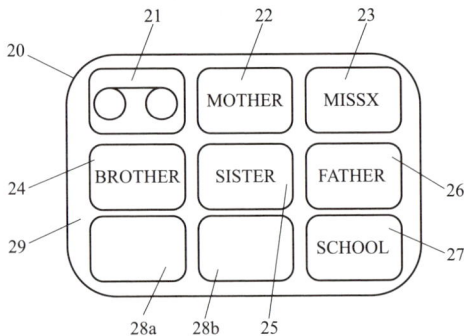

图8-7　快捷键设置界面

20—显示器；21~28b—快捷键；29—区域

由于篇幅限制，此处不提供对比文件1和对比文件2的全文。如果有兴趣可以登录国家知识产权局的网站（http：//www.sipo.gov.cn）通过申请号检索全文查看。

驳回决定的具体理由如下：

（1）权利要求1与对比文件1的区别特征在于：用于解锁手持电子设备，并且检测在相应于解锁图像的第一预定位置与触敏显示器的接触；按照在保持与触敏显示器的持续接触的同时所述接触的移动。而上述区别特征被对比文件2公开，且其在对比文件2中的作用与其在权利要求1的作用相同，在对比文件1的基础上结合对比文件2得到权利要求1的方案是显而易见的。

（2）权利要求2~6的附加特征属于本领域的惯用手段。

（3）权利要求7与对比文件1的区别特征在于：触敏显示器；存储器；一个或多个处理器；及一个或多个模块，存储在存储器中并被配置成由所述一个或多个处理器执行，同时其用于解锁手持电子设备，并且检测在相应于解锁图像的第一预定位置与触敏显示器的接触；按照在保持与触敏显示器的持续接触的同时所述接触的移动。对比文件2隐含公开了"移动电子设备具有触敏显示器、存储器、一个或多个处理器；检测在相应于解锁图像的第一预定位置与触敏显示器的接触；按照在保持与触敏显示器的持续接触的同时所述接触的移动，在触敏显示器上移动所述解锁图像"，此外，对所属领域的技术人员来讲，对比文件2给出了在移动电子设备上进行图像拖拽的启示，使用相应模块执行方法也是所属领域的惯用手段。在对比文件1的基础上结合对比文件2以及本领域的公知常识得到权利要求7的方案是显而易见的。

（4）权利要求8~10的附加特征属于本领域的惯用技术手段。

（5）权利要求11与对比文件1的区别特征在于：权利要求11用于解锁便携式电子设备，并且检测在相应于解锁图像的第一预定位置与触敏显示器的接触；按照在保持与触敏显示器的持续接触的同时所述接触的移动。也就是在具有触敏显示器的手持电子设备上进行相应解锁操作。对比文件2隐含公开了"检测在相应于解锁图像的第一预定位置与触敏显示器的接触；按照在保持与触敏显示器的持续接触的同时所述接触的移动，在触敏显示器上移动所述解锁图像"。对所属领域的技术人员来讲，对比文件2给出了在便携式电子设备上进行图像拖拽的启示，使用相应装置执行方法也是所属领域的惯用手段。因此，在对比文件1的基础上结合对比文件2以及本领域的公知常识得到权利要求11的方案是显而易见的。

（6）权利要求12与对比文件1的区别特征在于：用于解锁手持电子设备，并且检测在相应于解锁图像的第一预定位置与触敏显示器的接触；按照在保持与触敏显示器的持续接触的同时所述接触的移动。对比文件2隐含公开了检测在相应于解锁图像的第一预定位置与触敏显示器的接触；按照在保持与触敏显示器的持续接触的同时所述接触的移动，在触敏显示器上移动所述解锁图像。对所属领域的技术人员来讲，对比文件2给出了在移动电子设备上进行图像拖拽的启示，使用相应装置执行方法也是所属领域的惯用手段。因此，在对比文件1的基础上结合对比文件2以及本领域的公知常识得到权利要求12的方案是显而易见的。

（7）权利要求13~17的附加特征属于本领域的惯用手段。因此，权利要求1~17均不具备创造性。

简言之，驳回决定中认为，虽然申请人修改了权利要求1，但与对比文件1、对比文件2及本领域技术人员的惯用技术手段的结合相比，仍然不具备创造性。

申请人（下称复审请求人）对上述驳回决定不服，于2013年07月24日向专利复审委员会提出了复审请求，同时提交了权利要求书的全文修改替换页（包括权利要求第1-17项），其中，对权利要求1、4、7-8、11-12、15进行了修改。

复审请求时修改后的权利要求1如下：

1. 一种解锁手持电子设备的方法，所述手持电子设备包括触敏显示器，所述方法包括：

检测在相应于仅有的一个解锁图像的第一预定位置与触敏显示器的接触，其中所述仅有的一个解锁图像是一个图形交互式用户界面对象，用户可以与所述图形交互式用户界面对象交互以解锁所述手持电子设备；

按照在保持与触敏显示器的持续接触的同时所述接触的移动，在触敏显示器上移动所述仅有的一个解锁图像；以及如果所述在触敏显示器上移动所述仅有的一个解锁图像导致所述仅有的一个解锁图像从第一预定位置移动到触敏显示器上的预定解锁区域，解锁所述手持电子设备。

> 增加了画线部分的内容，强调本案用来滑动的解锁图像只有一个

基于上述修改，复审请求人陈述了修改后的权利要求1具备创造性的理由：

（1）对比文件1所教导的方案主要用于防止对计算机中的受限功能的未授权访问。对比文件1是通过创建和使用一种图标化口令（iconic password）来解决这一问题的。这种图标化口令本质上仍然是一类传统的密码，只不过其输入方式有别于其他口令，对比文件1实质上仅仅是本申请的背景技术之一。

（2）对比文件1没有公开或者启示使用显示在图形用户界面上的编码图标160或者任何其他图标来解锁电子设备，进而也就不可能公开或者启示解锁具有触敏显示器屏幕的手持电子设备。

（3）解锁一个电子设备与解锁设备中的一个受限功能在技术上具有本质区别。

（4）即便将对比文件1视为用于切换对象的状态，对比文件1和权利要求1所采用的切换机制也是完全不同的。

（5）对比文件1所教导的方案必须依赖于多余一个编码图标160来工作。

因此认为全部权利要求具备创造性。

收到上述复审请求后，专利复审委员会于2013年09月11日依法受理了该复审请求，并将其转送至实质审查部门进行前置审查。

前置审查员基于复审请求书进行了前置审查，审查意见如下：

复审请求人在权利要求1、4、7~8、11~12、15中加入特征"仅有的一个"，不能克服本申请权利要求不具备创造性的缺陷，因为在某一预定位置仅有一个解锁图像对于本领域技术人员来说是容易想到的，因而坚持驳回决定。

随后，专利复审委员会成立合议组对本案进行审理；认为本案仍然不满足创

造性的要求，具体复审意见如下：

（1）权利要求1与对比文件1的区别特征在于：①权利要求1是一种解锁手持电子设备的方法，相应所有操作也都是用于实现手持电子设备的解锁，而对比文件1是在图形用户界面上对受限制功能的可视化访问的方法；②权利要求1中是在触敏显示器上实现上述检测接触、移动图像以及判断图像从第一预定位置移动到预定区域，而对比文件1中只公开了可以通过触摸输入进行选择，未对上述触摸操作的具体过程进行限定。上述区别特征①和②均属于本领域的常用技术手段。

（2）权利要求2~6的附加特征属于本领域的常用技术手段。

（3）权利要求7与对比文件1的区别特征在于：①权利要求7是一种便携式电子设备，相应所有操作也都是用于实现解锁便携式电子设备，而对比文件1是计算机图形用户界面上对受限制功能的可视化访问的方法；②权利要求7的显示器是触敏显示器，通过在触敏显示器上实现上述检测接触、移动图像以及判断图像从第一预定位置移动到预定区域；而对比文件1中只公开了可以通过触摸输入进行选择，未对上述触摸操作的具体过程进行限定。上述区别特征①和②均属于本领域的常用技术手段。

（4）权利要求8~10的附加特征属于本领域的常用技术手段。

（5）权利要求11与对比文件1的区别特征在于：①权利要求11是一种便携式电子设备，相应所有操作也都是针对锁定状态的图像以及解锁便携式电子设备；而对比文件1是计算机图形用户界面上对受限制功能的可视化访问的方法；②权利要求11的显示器是触敏显示器，通过在触敏显示器上实现上述检测接触、移动图像以及判断图像从第一预定位置移动到预定区域；而对比文件1中只公开了可以通过触摸输入进行选择，未对上述触摸操作的具体过程进行限定。上述区别特征①和②均属于本领域的常用技术手段。

（6）权利要求12~17是与权利要求1~6对应一致的装置权利要求。因此，权利要求1~17均不具备创造性。

针对复审请求人提出复审请求时所陈述的意见，合议组进一步指出：①对比文件1已经明确公开了"用户以一个序列选择一个或者多个编码图标"，当只选择一个编码图标的情况的方案时，编码图标就相当于权利要求中的图形交互式用户界面对象。并且当要求较低的复杂度时，对比文件1完全可以选择一个图标。②在对比文件1的基础上，本领域技术人员容易想到选择将允许对限制功能的访问的方案应用到设备的解锁中。③对比文件1的实施例中，例如图9对应的实施例中就是通过判断位置来确定是否允许访问限制功能。

在收到上述复审意见后，复审请求人于2015年11月20日提交了意见陈述书，并提交了权利要求书的全文修改替换页。修改后的权利要求1如下：

1. 一种解锁手持电子设备的方法，所述手持电子设备包括触敏显示器，所述方法包括：

检测在相应于仅有的一个解锁图像的第一预定位置与触敏显示器的接触，其中所述仅有的一个解锁图像是一个图形交互式用户界面对象，用户可以与所述图形交互式用户界面对象交互以解锁所述手持电子设备；

按照在保持与触敏显示器的持续接触的同时所述接触的移动，在触敏显示器上移动所述仅有的一个解锁图像；

如果所述在触敏显示器上移动所述仅有的一个解锁图像导致所述仅有的一个解锁图像从第一预定位置移动到触敏显示器上的预定解锁区域，解锁所述手持电子设备，以及如果在所述触敏显示器上移动所述仅有的一个解锁图像没有导致所述仅有的一个解锁图像从所述第一预定位置被移动到所述触敏显示器上的所述预定解锁区域，则将所述仅有的一个解锁图像返回到所述第一预定位置，并且将所述手持电子设备保持在所述锁定状态。

> 增加了画线部分的内容，即，解锁失败时的步骤

基于上述修改，复审请求人陈述了修改后的权利要求1具备创造性的理由：

复审请求人认为：根据权利要求1的技术方案，用户可以通过移动解锁图像来尝试解锁手持电子设备。如果解锁图像从初始的第一预定位置被移动到了解锁区域，则电子设备解锁；反之，如果尽管解锁图像被移动但是并未足以达到该解锁区域，则该解锁图像被自动地返回到初始的第一预定位置，并且电子设备保持锁定。上述功能已经实现在复审请求人所涉及和生产的iPhone系列移动电话、iPad平板式计算机等诸多产品中。

上述操作能够极大地方便用户在解锁电子设备中的用户体验。用户可以通过简单地移动（例如，滑动）解锁图像来解锁电子设备。如果用户中途改变主意不想解锁，则可以通过简单地停止对解锁图像的移动来终止解锁操作。此时，解锁图像自动归于原位，并且设备保持锁定。

在提高用户体验的同时，这种解锁机制还能够有效地防止因为误操作而解锁设备。例如，当用户将手持电子设备放在包里或者口袋中时，可能因为对触摸屏的触屏或者摩擦而移动解锁图像。

根据要求保护的技术方案，除非这种误操作足以使解锁图像移动从初始位置

移动到预定解锁区域之间的全长距离，否则解锁图像将自动返回到初始位置，避免误解锁。而且，通过自动地将解锁图标返回原位，当下一次误操作发生时，仍然需要将解锁图像移动全长距离才会导致设备被解锁。与不返回解锁图像的方案相比，这将进一步降低设备误解锁的风险。

对比文件1并未以任何方式公开当编码图标未被移动到目标图标或者位置时，自动地将编码图标返回到初始位置，上述区别特征不是本领域中的公知常识。因此认为权利要求1~17都具备创造性。

从上述修改和意见陈述中可以看出，苹果公司已经大范围的缩小了该专利的保护范围，从通过滑动一个解锁图像来进行解锁的方案，缩小至解锁失败时，自动将解锁图标返回原位的方案。

基于上述修改后的权利要求书和复审意见答复，合议组于2016年05月23日发出了复审决定，撤销国家知识产权局的驳回决定。由国家知识产权局实质审查部门在本复审请求审查决定所针对文本的基础上对本申请继续进行审查。

通过上面的案例可以看出，在驳回之后，申请人也可以通过复审程序，再次对申请文件进行修改和争辩，取得授权的机会。

实用贴士

→ 复审请求人必须是被驳回的专利申请的申请人，如果申请人为多人的，则要求复审请求人为全部申请人，否则不予受理。

→ 复审请求必须在专利申请驳回通知书发文日起在3个月零15天内提出，否则复审请求将不被受理。

→ 复审请求人对自己主张的事实负有举证的责任，需要提供证据的，应当提供能充分支持其主张的证据。

→ 在请求复审时，可以对申请文件作一些必要的修改，克服驳回理由中指出的缺陷，这样有利于申请人得到专利权。

附录

中华人民共和国专利法

（1984年3月12日第六届全国人民代表大会常务委员会第四次会议通过　根据1992年9月4日第七届全国人民代表大会常务委员会第二十七次会议《关于修改〈中华人民共和国专利法〉的决定》第一次修正；根据2000年8月25日第九届全国人民代表大会常务委员会第十七次会议《关于修改〈中华人民共和国专利法〉的决定》第二次修正；根据2008年12月27日第十一届全国人民代表大会常务委员会第六次会议《关于修改〈中华人民共和国专利法〉的决定》第三次修正）

第一章　总则

第一条　为了保护专利权人的合法权益，鼓励发明创造，推动发明创造的应用，提高创新能力，促进科学技术进步和经济社会发展，制定本法。

第二条　本法所称的发明创造是指发明、实用新型和外观设计。

发明，是指对产品、方法或者其改进所提出的新的技术方案。

实用新型，是指对产品的形状、构造或者其结合所提出的适于实用的新的技术方案。

外观设计，是指对产品的形状、图案或者其结合以及色彩与形状、图案的结合所作出的富有美感并适于工业应用的新设计。

第三条　国务院专利行政部门负责管理全国的专利工作；统一受理和审查专利申请，依法授予专利权。

省、自治区、直辖市人民政府管理专利工作的部门负责本行政区域内的专利管理工作。

第四条　申请专利的发明创造涉及国家安全或者重大利益需要保密的，按照国家有关规定办理。

第五条　对违反法律、社会公德或者妨害公共利益的发明创造，不授予专利权。

对违反法律、行政法规的规定获取或者利用遗传资源，并依赖该遗传资源完成的发明创造，不授予专利权。

第六条　执行本单位的任务或者主要是利用本单位的物质技术条件所完成的发明创造为职务发明创造。职务发明创造申请专利的权利属于该单位；申请被批准后，该单位为专利权人。

非职务发明创造，申请专利的权利属于发明人或者设计人；申请被批准后，该发明人或者设计人为专利权人。

利用本单位的物质技术条件所完成的发明创造，单位与发明人或者设计人订有合同，对申请专利的权利和专利权的归属作出约定的，从其约定。

第七条　对发明人或者设计人的非职务发明创造专利申请，任何单位或者个人不得压制。

第八条　两个以上单位或者个人合作完成的发明创造、一个单位或者个人接受其他单位或者个人委托所完成的发明创造，除另有协议的以外，申请专利的权利属于完成或者共同完成的单位或者个人；申请被批准后，申请的单位或者个人为专利权人。

第九条　同样的发明创造只能授予一项专利权。但是，同一申请人同日对同样的发明创造既申请实用新型专利又申请发明专利，先获得的实用新型专利权尚未终止，且申请人声明放弃该实用新型专利权的，可以授予发明专利权。

两个以上的申请人分别就同样的发明创造申请专利的，专利权授予最先申请的人。

第十条　专利申请权和专利权可以转让。

中国单位或者个人向外国人、外国企业或者外国其他组织转让专利申请权或者专利权的，应当依照有关法律、行政法规的规定办理手续。

转让专利申请权或者专利权的，当事人应当订立书面合同，并向国务院专利行政部门登记，由国务院专利行政部门予以公告。专利申请权或者专利权的转让自登记之日起生效。

第十一条　发明和实用新型专利权被授予后，除本法另有规定的以外，任何单位或者个人未经专利权人许可，都不得实施其专利，即不得为生产经营目的制造、使用、许诺销售、销售、进口其专利产品，或者使用其专利方法以及使用、许诺销售、销售、进口依照该专利方法直接获得的产品。

外观设计专利权被授予后，任何单位或者个人未经专利权人许可，都不得实施其专利，即不得为生产经营目的制造、许诺销售、销售、进口其外观设计专利产品。

第十二条　任何单位或者个人实施他人专利的，应当与专利权人订立实施许可合同，向专利权人支付专利使用费。被许可人无权允许合同规定以外的任何单位或者个人实施该专利。

第十三条　发明专利申请公布后，申请人可以要求实施其发明的单位或者个人支付适当的费用。

第十四条　国有企业事业单位的发明专利，对国家利益或者公共利益具有重大意义的，国务院有关主管部门和省、自治区、直辖市人民政府报经国务院批准，可以决定在批准的范围内推广应用，允许指定的单位实施，由实施单位按照国家规定向专利权人支付使用费。

第十五条　专利申请权或者专利权的共有人对权利的行使有约定的，从其约定。没有约定的，共有人可以单独实施或者以普通许可方式许可他人实施该专利；许可他人实施该专利的，收取的使用费应当在共有人之间分配。

除前款规定的情形外，行使共有的专利申请权或者专利权应当取得全体共有人的同意。

第十六条　被授予专利权的单位应当对职务发明创造的发明人或者设计人给予奖励；发明创造专利实施后，根据其推广应用的范围和取得的经济效益，对发明人或者设计人给予合理的报酬。

第十七条　发明人或者设计人有权在专利文件中写明自己是发明人或者设计人。

专利权人有权在其专利产品或者该产品的包装上标明专利标识。

第十八条　在中国没有经常居所或者营业所的外国人、外国企业或者外国其他组织在中国申请专利的，依照其所属国同中国签订的协议或者共同参加的国际条约，或者依照互惠原则，根据本法办理。

第十九条　在中国没有经常居所或者营业所的外国人、外国企业或者外国其他组织在中国申请专利和办理其他专利事务的，应当委托依法设立的专利代理机构办理。

中国单位或者个人在国内申请专利和办理其他专利事务的，可以委托依法设立的专利代理机构办理。

专利代理机构应当遵守法律、行政法规，按照被代理人的委托办理专利申请或者其他专利事务；对被代理人发明创造的内容，除专利申请已经公布或者公告的以外，负有保密责任。专利代理机构的具体管理办法由国务院规定。

第二十条　任何单位或者个人将在中国完成的发明或者实用新型向外国申请专利的，应当事先报经国务院专利行政部门进行保密审查。保密审查的程序、期限等按照国务院的规定执行。

中国单位或者个人可以根据中华人民共和国参加的有关国际条约提出专利国际申请。申请人提出专利国际申请的，应当遵守前款规定。

国务院专利行政部门依照中华人民共和国参加的有关国际条约、本法和国务院有关规定处理专利国际申请。

对违反本条第一款规定向外国申请专利的发明或者实用新型，在中国申请专利的，不授予专利权。

第二十一条　国务院专利行政部门及其专利复审委员会应当按照客观、公正、准确、及时的要求，依法处理有关专利的申请和请求。

国务院专利行政部门应当完整、准确、及时发布专利信息，定期出版专利公报。

在专利申请公布或者公告前，国务院专利行政部门的工作人员及有关人员对其内容负有保密责任。

第二章　授予专利权的条件

第二十二条　授予专利权的发明和实用新型，应当具备新颖性、创造性和实用性。

新颖性，是指该发明或者实用新型不属于现有技术；也没有任何单位或者个人就同样的发明或者实用新型在申请日以前向国务院专利行政部门提出过申请，并记载在申请日以后公布的专利申请文件或者公告的专利文件中。

创造性，是指与现有技术相比，该发明具有突出的实质性特点和显著的进步，该实用新型具有实质性特点和进步。

实用性，是指该发明或者实用新型能够制造或者使用，并且能够产生积极效果。

本法所称现有技术，是指申请日以前在国内外为公众所知的技术。

第二十三条　授予专利权的外观设计，应当不属于现有设计；也没有任何单位或者个人就同样的外观设计在申请日以前向国务院专利行政部门提出过申请，并记载在申请日以后公告的专利文件中。

授予专利权的外观设计与现有设计或者现有设计特征的组合相比，应当具有明显区别。

授予专利权的外观设计不得与他人在申请日以前已经取得的合法权利相冲突。

本法所称现有设计，是指申请日以前在国内外为公众所知的设计。

第二十四条　申请专利的发明创造在申请日以前六个月内，有下列情形之一的，不丧失新颖性：

（一）在中国政府主办或者承认的国际展览会上首次展出的；

（二）在规定的学术会议或者技术会议上首次发表的；

（三）他人未经申请人同意而泄露其内容的。

第二十五条　对下列各项，不授予专利权：

（一）科学发现；

（二）智力活动的规则和方法；

（三）疾病的诊断和治疗方法；

（四）动物和植物品种；

（五）用原子核变换方法获得的物质；

（六）对平面印刷品的图案、色彩或者二者的结合作出的主要起标识作用的设计。

对前款第（四）项所列产品的生产方法，可以依照本法规定授予专利权。

第三章　专利的申请

第二十六条　申请发明或者实用新型专利的，应当提交请求书、说明书及其摘要和权利要求书等文件。

请求书应当写明发明或者实用新型的名称，发明人的姓名，申请人姓名或者名称、地址，以及其他事项。

说明书应当对发明或者实用新型作出清楚、完整的说明，以所属技术领域的技术人员能够实现为准；必要的时候，应当有附图。摘要应当简要说明发明或者实用新型的技术要点。

权利要求书应当以说明书为依据，清楚、简要地限定要求专利保护的范围。

依赖遗传资源完成的发明创造，申请人应当在专利申请文件中说明该遗传资源的直接来源和原始来源；申请人无法说明原始来源的，应当陈述理由。

第二十七条　申请外观设计专利的，应当提交请求书、该外观设计的图片或者照片以及对该外观设计的简要说明等文件。

申请人提交的有关图片或者照片应当清楚地显示要求专利保护的产品的外观设计。

第二十八条　国务院专利行政部门收到专利申请文件之日为申请日。如果申请文件是邮寄的，以寄出的邮戳日为申请日。

第二十九条　申请人自发明或者实用新型在外国第一次提出专利申请之日起十二个月内，或者自外观设计在外国第一次提出专利申请之日起六个月内，又在中国就相同主题提出专利申请的，依照该外国同中国签订的协议或者共同参加的国际条约，或者依照相互承认优先权的原则，可以享有优先权。

申请人自发明或者实用新型在中国第一次提出专利申请之日起十二个月内，又向国务院专利行政部门就相同主题提出专利申请的，可以享有优先权。

第三十条　申请人要求优先权的，应当在申请的时候提出书面声明，并且在三个月内提交第一次提出的专利申请文件的副本；未提出书面声明或者逾期未提交专利申请文件副本的，视为未要求优先权。

第三十一条　一件发明或者实用新型专利申请应当限于一项发明或者实用新型。属于一个总的发明构思的两项以上的发明或者实用新型，可以作为一件申请提出。

一件外观设计专利申请应当限于一项外观设计。同一产品两项以上的相似外观设计，或者用于同一类别并且成套出售或者使用的产品的两项以上外观设计，可以作为一件申请提出。

第三十二条　申请人可以在被授予专利权之前随时撤回其专利申请。

第三十三条　申请人可以对其专利申请文件进行修改，但是，对发明和实用新型专利申请文件的修改不得超出原说明书和权利要求书记载的范围，对外观设计专利申请文件的修改不得超出原图片或者照片表示的范围。

第四章　专利申请的审查和批准

第三十四条　国务院专利行政部门收到发明专利申请后，经初步审查认为符合本法要求的，自申请日起满十八个月，即行公布。国务院专利行政部门可以根据申请人的请求早日公布其申请。

第三十五条　发明专利申请自申请日起三年内，国务院专利行政部门可以根据申请人随时提出的请求，对其申请进行实质审查；申请人无正当理由逾期不请求实质审查的，该申请即被视为撤回。

国务院专利行政部门认为必要的时候，可以自行对发明专利申请进行实质审查。

第三十六条　发明专利的申请人请求实质审查的时候，应当提交在申请日前与其发明有关的参考资料。

发明专利已经在外国提出过申请的，国务院专利行政部门可以要求申请人在指定期限内提交该国为审查其申请进行检索的资料或者审查结果的资料；无正当理由逾期不提交的，该申请即被视为撤回。

第三十七条　国务院专利行政部门对发明专利申请进行实质审查后，认为不符合本法规定的，应当通知申请人，要求其在指定的期限内陈述意见，或者对其申请进行修改；无正当理由逾期不答复的，该申请即被视为撤回。

第三十八条 发明专利申请经申请人陈述意见或者进行修改后，国务院专利行政部门仍然认为不符合本法规定的，应当予以驳回。

第三十九条 发明专利申请经实质审查没有发现驳回理由的，由国务院专利行部门作出授予发明专利权的决定，发给发明专利证书，同时予以登记和公告。发明专利权自公告之日起生效。

第四十条 实用新型和外观设计专利申请经初步审查没有发现驳回理由的，由国务院专利行政部门作出授予实用新型专利权或者外观设计专利权的决定，发给相应的专利证书，同时予以登记和公告。实用新型专利权和外观设计专利权自公告之日起生效。

第四十一条 国务院专利行政部门设立专利复审委员会。专利申请人对国务院专利行政部门驳回申请的决定不服的，可以自收到通知之日起三个月内，向专利复审委员会请求复审。专利复审委员会复审后，作出决定，并通知专利申请人。

专利申请人对专利复审委员会的复审决定不服的，可以自收到通知之日起三个月内向人民法院起诉。

第五章　专利权的期限、终止和无效

第四十二条 发明专利权的期限为二十年，实用新型专利权和外观设计专利权的期限为十年，均自申请日起计算。

第四十三条 专利权人应当自被授予专利权的当年开始缴纳年费。

第四十四条 有下列情形之一的，专利权在期限届满前终止：

（一）没有按照规定缴纳年费的；

（二）专利权人以书面声明放弃其专利权的。

专利权在期限届满前终止的，由国务院专利行政部门登记和公告。

第四十五条 自国务院专利行政部门公告授予专利权之日起，任何单位或者个人认为该专利权的授予不符合本法有关规定的，可以请求专利复审委员会宣告该专利权无效。

第四十六条 专利复审委员会对宣告专利权无效的请求应当及时审查和作出决定，并通知请求人和专利权人。宣告专利权无效的决定，由国务院专利行政部门登记和公告。

对专利复审委员会宣告专利权无效或者维持专利权的决定不服的，可以自收到通知之日起三个月内向人民法院起诉。人民法院应当通知无效宣告请求程序的对方当事人作为第三人参加诉讼。

第四十七条　宣告无效的专利权视为自始即不存在。

宣告专利权无效的决定，对在宣告专利权无效前人民法院作出并已执行的专利侵权的判决、调解书，已经履行或者强制执行的专利侵权纠纷处理决定，以及已经履行的专利实施许可合同和专利权转让合同，不具有追溯力。但是因专利权人的恶意给他人造成的损失，应当给予赔偿。

依照前款规定不返还专利侵权赔偿金、专利使用费、专利权转让费，明显违反公平原则的，应当全部或者部分返还。

第六章　专利实施的强制许可

第四十八条　有下列情形之一的，国务院专利行政部门根据具备实施条件的单位或者个人的申请，可以给予实施发明专利或者实用新型专利的强制许可：

（一）专利权人自专利权被授予之日起满三年，且自提出专利申请之日起满四年，无正当理由未实施或者未充分实施其专利的；

（二）专利权人行使专利权的行为被依法认定为垄断行为，为消除或者减少该行为对竞争产生的不利影响的。

第四十九条　在国家出现紧急状态或者非常情况时，或者为了公共利益的目的，国务院专利行政部门可以给予实施发明专利或者实用新型专利的强制许可。

第五十条　为了公共健康目的，对取得专利权的药品，国务院专利行政部门可以给予制造并将其出口到符合中华人民共和国参加的有关国际条约规定的国家或者地区的强制许可。

第五十一条　一项取得专利权的发明或者实用新型比前已经取得专利权的发明或者实用新型具有显著经济意义的重大技术进步，其实施又有赖于前一发明或者实用新型的实施的，国务院专利行政部门根据后一专利权人的申请，可以给予实施前一发明或者实用新型的强制许可。

在依照前款规定给予实施强制许可的情形下，国务院专利行政部门根据前一专利权人的申请，也可以给予实施后一发明或者实用新型的强制许可。

第五十二条　强制许可涉及的发明创造为半导体技术的，其实施限于公共利益的目的和本法第四十八条第（二）项规定的情形。

第五十三条　除依照本法第四十八条第（二）项、第五十条规定给予的强制许可外，强制许可的实施应当主要为了供应国内市场。

第五十四条　依照本法第四十八条第（一）项、第五十一条规定申请强制许可的单位或者个人应当提供证据，证明其以合理的条件请求专利权人许可其实施专利，但未能在合理的时间内获得许可。

第五十五条　国务院专利行政部门作出的给予实施强制许可的决定，应当及时通知专利权人，并予以登记和公告。

给予实施强制许可的决定，应当根据强制许可的理由规定实施的范围和时间。强制许可的理由消除并不再发生时，国务院专利行政部门应当根据专利权人的请求，经审查后作出终止实施强制许可的决定。

第五十六条　取得实施强制许可的单位或者个人不享有独占的实施权，并且无权允许他人实施。

第五十七条　取得实施强制许可的单位或者个人应当付给专利权人合理的使用费，或者依照中华人民共和国参加的有关国际条约的规定处理使用费问题。付给使用费的，其数额由双方协商；双方不能达成协议的，由国务院专利行政部门裁决。

第五十八条　专利权人对国务院专利行政部门关于实施强制许可的决定不服的，专利权人和取得实施强制许可的单位或者个人对国务院专利行政部门关于实施强制许可的使用费的裁决不服的，可以自收到通知之日起三个月内向人民法院起诉。

第七章　专利权的保护

第五十九条　发明或者实用新型专利权的保护范围以其权利要求的内容为准，说明书及附图可以用于解释权利要求的内容。

外观设计专利权的保护范围以表示在图片或者照片中的该产品的外观设计为准，简要说明可以用于解释图片或者照片所表示的该产品的外观设计。

第六十条　未经专利权人许可，实施其专利，即侵犯其专利权，引起纠纷的，由当事人协商解决；不愿协商或者协商不成的，专利权人或者利害关系人可以向人民法院起诉，也可以请求管理专利工作的部门处理。管理专利工作的部门处理时，认定侵权行为成立的，可以责令侵权人立即停止侵权行为，当事人不服的，可以自收到处理通知之日起十五日内依照《中华人民共和国行政诉讼法》向人民法院起诉；侵权人期满不起诉又不停止侵权行为的，管理专利工作的部门可以申请人民法院强制执行。进行处理的管理专利工作的部门应当事人的请求，可以就侵犯专利权的赔偿数额进行调解；调解不成的，当事人可以依照《中华人民共和国民事诉讼法》向人民法院起诉。

第六十一条　专利侵权纠纷涉及新产品制造方法的发明专利的，制造同样产品的单位或者个人应当提供其产品制造方法不同于专利方法的证明。

专利侵权纠纷涉及实用新型专利或者外观设计专利的，人民法院或者管理专利工作的部门可以要求专利权人或者利害关系人出具由国务院专利行政部门对相关实用新型或者外观设计进行检索、分析和评价后作出的专利权评价报告，作为审理、处理专利侵权纠纷的证据。

第六十二条　在专利侵权纠纷中，被控侵权人有证据证明其实施的技术或者设计属于现有技术或者现有设计的，不构成侵犯专利权。

第六十三条　假冒专利的，除依法承担民事责任外，由管理专利工作的部门责令改正并予公告，没收违法所得，可以并处违法所得四倍以下的罚款；没有违法所得的，可以处二十万元以下的罚款；构成犯罪的，依法追究刑事责任。

第六十四条　管理专利工作的部门根据已经取得的证据，对涉嫌假冒专利行为进行查处时，可以询问有关当事人，调查与涉嫌违法行为有关的情况；对当事人涉嫌违法行为的场所实施现场检查；查阅、复制与涉嫌违法行为有关的合同、发票、账簿以及其他有关资料；检查与涉嫌违法行为有关的产品，对有证据证明是假冒专利的产品，可以查封或者扣押。

管理专利工作的部门依法行使前款规定的职权时，当事人应当予以协助、配合，不得拒绝、阻挠。

第六十五条　侵犯专利权的赔偿数额按照权利人因被侵权所受到的实际损失确定；实际损失难以确定的，可以按照侵权人因侵权所获得的利益确定。权利人的损失或者侵权人获得的利益难以确定的，参照该专利许可使用费的倍数合理确定。赔数额还应当包括权利人为制止侵权行为所支付的合理开支。

权利人的损失、侵权人获得的利益和专利许可使用费均难以确定的，人民法院可以根据专利权的类型、侵权行为的性质和情节等因素，确定给予一万元以上一百万元以下的赔偿。

第六十六条　专利权人或者利害关系人有证据证明他人正在实施或者即将实施侵犯专利权的行为，如不及时制止将会使其合法权益受到难以弥补的损害的，可以在起诉前向人民法院申请采取责令停止有关行为的措施。

申请人提出申请时，应当提供担保；不提供担保的，驳回申请。

人民法院应当自接受申请之时起四十八小时内作出裁定；有特殊情况需要延长的，可以延长四十八小时。裁定责令停止有关行为的，应当立即执行。当事人对裁定不服的，可以申请复议一次；复议期间不停止裁定的执行。

申请人自人民法院采取责令停止有关行为的措施之日起十五日内不起诉的，人民法院应当解除该措施。

申请有错误的，申请人应当赔偿被申请人因停止有关行为所遭受的损失。

第六十七条 为了制止专利侵权行为，在证据可能灭失或者以后难以取得的情况下，专利权人或者利害关系人可以在起诉前向人民法院申请保全证据。

人民法院采取保全措施，可以责令申请人提供担保；申请人不提供担保的，驳回申请。

人民法院应当自接受申请之时起四十八小时内作出裁定；裁定采取保全措施的，应当立即执行。

申请人自人民法院采取保全措施之日起十五日内不起诉的，人民法院应当解除该措施。

第六十八条 侵犯专利权的诉讼时效为二年，自专利权人或者利害关系人得知或者应当得知侵权行为之日起计算。

发明专利申请公布后至专利权授予前使用该发明未支付适当使用费的，专利权人要求支付使用费的诉讼时效为二年，自专利权人得知或者应当得知他人使用其发明之日起计算，但是，专利权人于专利权授予之日前即已得知或者应当得知的，自专利权授予之日起计算。

第六十九条 有下列情形之一的，不视为侵犯专利权：

（一）专利产品或者依照专利方法直接获得的产品，由专利权人或者经其许可的单位、个人售出后，使用、许诺销售、销售、进口该产品的；

（二）在专利申请日前已经制造相同产品、使用相同方法或者已经作好制造、使用的必要准备，并且仅在原有范围内继续制造、使用的；

（三）临时通过中国领陆、领水、领空的外国运输工具，依照其所属国同中国签订的协议或者共同参加的国际条约，或者依照互惠原则，为运输工具自身需要而在其装置和设备中使用有关专利的；

（四）专为科学研究和实验而使用有关专利的；

（五）为提供行政审批所需要的信息，制造、使用、进口专利药品或者专利医疗器械的，以及专门为其制造、进口专利药品或者专利医疗器械的。

第七十条　为生产经营目的使用、许诺销售或者销售不知道是未经专利权人许可而制造并售出的专利侵权产品，能证明该产品合法来源的，不承担赔偿责任。

第七十一条　违反本法第二十条规定向外国申请专利，泄露国家秘密的，由所在单位或者上级主管机关给予行政处分；构成犯罪的，依法追究刑事责任。

第七十二条　侵夺发明人或者设计人的非职务发明创造专利申请权和本法规定的其他权益的，由所在单位或者上级主管机关给予行政处分。

第七十三条　管理专利工作的部门不得参与向社会推荐专利产品等经营活动。

管理专利工作的部门违反前款规定的，由其上级机关或者监察机关责令改正，消除影响，有违法收入的予以没收；情节严重的，对直接负责的主管人员和其他直接责任人员依法给予行政处分。

第七十四条　从事专利管理工作的国家机关工作人员以及其他有关国家机关工作人员玩忽职守、滥用职权、徇私舞弊，构成犯罪的，依法追究刑事责任；尚不构成犯罪的，依法给予行政处分。

第八章　附则

第七十五条　向国务院专利行政部门申请专利和办理其他手续，应当按照规定缴纳费用。

第七十六条　本法自1985年4月1日起施行。